PIERRE CHAULET

Docteur Vétérinaire

La Question de la Viande frigorifiée

et

l'Exportation des Reproducteurs Bovins français

ÉDITIONS ET PUBLICATIONS
CONTEMPORAINES PIERRE BOSSUET
47, RUE DE LA GAITÉ — PARIS — 14e
1930

La Question de la Viande frigorifiée
et
l'Exportation des Reproducteurs bovins Français

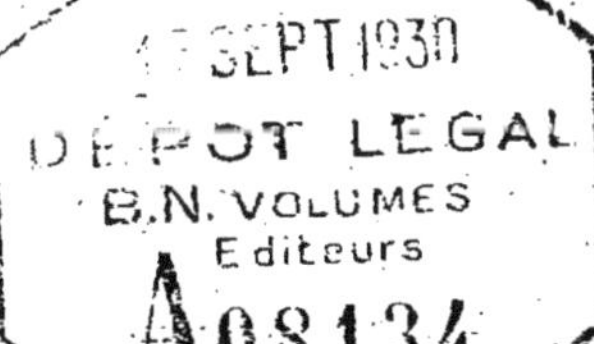

PIERRE CHAULET

Docteur Vétérinaire

La Question de la Viande frigorifiée

et

l'Exportation des Reproducteurs Bovins français

ÉDITIONS ET PUBLICATIONS
CONTEMPORAINES - PIERRE BOSSUET
47, RUE DE LA GAITÉ — PARIS — 14e

1930

La Question de la Viande Frigorifiée
et
l'Exportation des Reproducteurs Bovins français

INTRODUCTION

Poussée par les circonstances, la France qui avant 1914 ignorait systématiquement la viande frigorifiée y fit appel dès que la guerre fut déclarée. Depuis et jusqu'à ces toutes dernières années, elle en a consommé de grandes quantités.

La présence sur notre marché de ce produit nouveau, en quantités aussi considérables et pendant aussi longtemps, n'a pas pu ne pas avoir de répercussion sur notre situation économique. Elle a soulevé un certain nombre de questions dont l'ensemble constitue ce que nous appelons : « la question de la viande frigorifiée ». C'est cette question que nous nous sommes proposés d'étudier.

Notre étude n'a pas qu'un intérêt rétrospectif : on pourrait le croire en constatant que les importations de viande frigorifiée en France depuis 1928 se réduisent à peu de chose. Il ne faut pas se baser sur ces chiffres pour décréter que la question de la viande frigorifiée est enterrée. Elle existe toujours, plus que jamais, et si pour le moment ce sont les adversaires de la viande frigorifiée qui triomphent, ses partisans lui sont restés fidèles et continuent à combattre pour elle avec conviction.

Lequel de deux camps aura finalement la victoire ? Nous ne le savons pas, — mais de l'exposé critique impartial des arguments des uns et des autres nous essaierons de dégager lequel ce devrait être — dans l'intérêt du pays.

Une grande partie de notre travail est consacrée à l'Exportation des Reproducteurs bovins français. La surprise que cela peut causer au premier abord, disparaîtra quand nous aurons dit que les plus graves objections qu'on a fait à la viande frigorifiée trouvent leur réponse dans l'Exportation des reproducteurs français : on verra déjà au début de l'étude de la question de la viande frigorifiée et de mieux en mieux par la suite, que cette question et celle de l'Exportation des Reproducteurs dépendent étroitement l'une de l'autre et que l'étude de l'une entraîne nécessairement l'étude de l'autre.

Ainsi se justifie la manière dont nous avons présenté notre travail.

Avant d'aborder notre sujet, nous tenons à faire bien remarquer que nous n'avons pas eu, un seul instant la prétention de traiter à fond, dans tous ses détails la question si vaste et si complexe de la viande frigorifiée et d'en donner la solution. Nous n'avons pas eu l'audace d'entreprendre un travail tellement au-dessus de nos faibles moyens.

PREMIÈRE PARTIE

La question de la Viande frigorifiée en France

CHAPITRE PREMIER

Les débuts de l'industrie de la viande

Au début d'un travail dans lequel nous serons constamment amenés à parler de l'industrie de la viande, nous avons pensé qu'il était nécessaire d'en faire brièvement l'histoire parce que cette histoire comporte plus d'un enseignement dont la connaissance nous sera profitable par la suite et aussi parce que l'industrie de la viande aujourd'hui si florissante a été rendue possible par les découvertes de deux Français, Charles Tellier et Ferdinand Carré : nous ne voulons pas laisser échapper l'occasion qui nous est offerte de leur rendre hommage.

La découverte de la production artificielle du froid

Cette découverte qui a eu des conséquences économiques si considérables est l'œuvre de l'ingénieur français Ch. Tellier, surnommé le Père du froid. Elle date de 1859, année où le génial inventeur, en construisant la première machine frigorifique, pouvait dire déjà qu'il avait résolu le problème de la conservation et du transport de cette denrée si périssable qu'est la viande et qu'il était le créateur d'une richesse incalculable : ce qui ne l'empêcha pas bien entendu, de rester modeste et pauvre toute sa vie au point qu'à la fin de ses jours on dut ouvrir une souscription publique pour qu'il ne tombat pas dans la misère...

La première machine de Tellier fonctionnait par évaporation d'éther. En 1867, il en construisit une autre à détente d'ammoniac. Les essais de cette nouvelle machine furent faits l'année suivante. Ayant reçu l'aide financière de M. François Lecocq de Montevidéo, Tellier équipa le vapeur « City of Rio de Janeiro », à l'aide d'un de ses appareils, embarqua une cargaison de viandes et partit vers l'Amérique du Sud. Cette tentative échoua par suite d'avaries irréparables aux appareils. Un second essai eut lieu 8 ans après : le vapeur « Frigorifique » équipé de trois machines Tellier partit de Rouen le 19 septembre 1876 et arriva à Buenos-Aires le 25 décembre. Le président de la Société Rurale Argentine fut chargé d'examiner la cargaison : la viande était couverte de moisissures et présentait un mauvais goût. Tellier ne se rebuta pas de ce nouvel échec et se préoccupa de trouver un chargement pour le retour : Il ne l'obtint qu'après de grandes difficultés et le « Frigorifique » regagna la France. La traversée dura 104 jours. La cargaison n'arriva pas toute entière dans des conditions absolument satisfaisantes et il fallut procéder à une sélection minutieuse. Mais il était quand même permis de conclure de cette expérience que le problème de la conservation de la viande était résolu.

Tellier, pourtant, n'eut pas plus de succès qu'auparavant auprès du public français et en 1879, après de nombreux malheurs, le Frigorifique fut vendu en Angleterre.

En même temps que Tellier poursuivait ses essais, un autre ingénieur Français, Ferdinand Carré s'inspirant des travaux de son prédécesseur, construisit une machine à compression d'ammoniac capable de produire une température de — 30° alors que celle de Tellier produisait une température voisine de 0°. Des essais pour exploiter le procédé Carré furent entrepris par la Société Jullien de Marseille qui arma à cet effet le vapeur « Paraguay ». Ce bateau fit un voyage en Amérique du Sud et à son retour emporta 5.500 moutons, soit 80 tonnes de viande congelée. La tentative cette fois fut des plus concluantes :

en effet, le vapeur par suite d'avaries dut faire escale sur les côtes du Sénégal et le voyage dura 7 mois. La viande fut débarquée au Havre en parfait état au milieu d'un grand enthousiasme... Mais quand la Société Jullien Carré voulut entreprendre la construction d'une flotte frigorifique, l'enthousiasme était tombé. Elle dut renoncer à son projet. La nouvelle industrie fut complètement abandonnée par les Français, les Anglais s'en emparèrent aussitôt.

Comme quoi, si nous pouvons à juste titre être fiers que cette grande découverte soit due à un cerveau français nous sommes obligés de déplorer, en même temps, qu'elle n'ait pas suscité, en son temps, dans notre pays l'intérêt qu'elle méritait et qu'elle ait surtout profité à l'éranger. Pareille constatation, d'ailleurs, a pu être faite maintes fois à propos d'autres inventions françaises...

Conséquences de la découverte de Ch. Tellier.

A peine les essais étaient-ils terminés, que les procédés de Ch. Tellier et de Carré furent mis en pratique. Les pays de grand élevage (L'Amérique du Sud, l'Australie...) étaient dans l'attente d'un procédé qui leur permit de faire rendre son maximum à l'inépuisable richesse, à peu près inexploitée, que représentaient leurs immenses troupeaux — la découverte de Tellier leur fournit un moyen qui dépassait toutes leurs espérances. Les procédés frigorifiques furent adoptés d'emblée dans tous les pays capables de produire de la viande. L'exemple de ce qui s'est passé en République Argentine fera mieux comprendre toute l'importance du rôle économique de la découverte de Ch. Tellier.

La grande République Sud-Américaine tire toutes ses ressources de l'agriculture et de l'élevage pour lesquelles le climat et le sol offrent des conditions extraordinairement favorables. Dès la fin du XVIe siècle on parle des estancias argentines et de leurs innombrables troupeaux. Ces animaux vivant à l'état sauvage n'étaient exploités, sommairement, que pour les peaux et la laine dont le commerce constitua longtemps la seule richesse du pays. Au début du XVIIIe siècle, l'exportation des peaux et de la laine fut suivie de celle des suifs et plus tard de celle du « tasajo » (viande découpée en lanières, salée et séchée au soleil). Peu à peu, tous ces produits obtenant sur les marchés étrangers des prix plus rémunérateurs, les éleveurs argentins pensèrent à améliorer leur bétail. C'est de 1794 que date l'introduction du type mérinos. Ensuite se place l'importation des premiers reproducteurs des races anglaises qui devaient un peu plus tard jouer un rôle si important dans l'amélioration du cheptel argentin. L'introduction du Southdown date de 1825 ; celle du Lincoln de 1840. Ce ne furent là que des initiatives isolées sans aucune envergure. Elles furent d'ailleurs interrompues les années suivantes par de graves perturbations politiques. Signalons pourtant que c'est pendant cette période troublée que fut importé le premier taureau Durham.

Les bases de l'amélioration méthodique de tout le bétail argentin furent jetées de 1850 à 1860 ; le professeur Dechambre dit à ce sujet dans son traité de zootechnie : « L'Argentine, avec ses vastes plaines couvertes de riches et abondants pâturages, ne pouvait rester stationnaire ; l'élevage était sa richesse ; il fallait pour lui assurer un rendemnt profitable faire admettre ses produits sur les grands marchés de consommation et pour cela les améliorer pour leur pemettre de soutenir la concurrence. Il ne suffisait pas d'élever beaucoup, d'avoir sur de grandes étendues d'innombrables têtes de bétail; il fallait produire avec méthode des animaux de qualité, c'est pourquoi les Argentins n'hésitèrent point à faire de grands sacrifices pour introduire dans leurs troupeaux des reproducteurs de choix ». Qu'ils se soient adressés aux races anglaises cela n'a rien de surprenant puisqu'elles étaient, parmi toutes les races européennes, celles qui avaient été les plus poussées au point de vue de l'amélioration. Pour l'espèce bovine la préférence des éleveurs argentins s'est portée tout de suite sur la race Durham : cela était aussi très naturel. La race Shorthown n'était-elle pas considérée, déjà à cette époque, comme la représentation parfaite et inégalable des races améliorées ? Puisque le Durham s'acclimatait dans leur pays, les Argentins auraient eu vraiment tort de ne pas l'adopter pour remplir le but qu'il se proposaient : perfectionner leurs races pour conquérir les marchés européens et en premier lieu le marché anglais. Les anglais de leur côté les encourageaient fortement dans cette voie : la population de la Grande-Bretagne croissant rapidement et la consommation de la viande, à laquelle le troupeau national ne suffisait déjà plus, augmentant plus vite encore, le moment n'était pas loin pour ce pays, où il ne pourrait plus se fournir seulement chez ses voisins immédiats ; il recherchait et se préparait un centre d'approvisionnement plus lointain. Les premiers résultats obtenus en République Argentine montrèrent que les deux pays trouveraient avantage à faire du commerce ensemble : C'est pourquoi les reproducteurs anglais prirent facilement le chemin de la République Argentine, tandis que ce pays expédiait chaque année une quantité plus importante de bétail sur pieds, au fur et à mesure des progrès de l'amélioration du bétail indigène.

Ces considérations semblent déplacées ici. Nous avons cependant pris le temps de nous y arrêter car nous ne trouverons pas meilleure occasion de le faire et elles nous seront très utiles par la suite.

L'exportation du bétail sur pieds, vers la Grande Bretagne principalement, a débuté en 1874. Nous avons vu comment elle est venue récompenser les premiers éleveurs qui s'étaient attachés à perfectionner leur troupeau. Beaucoup de propriétaires cependant considéraient ce résultat comme insuffisant et hésitaient à s'engager dans la voie que leur traçait l'Angleterre. Ils attendaient une solution qui rendit facile et sûr le transport de la viande : ce qui le montre bien c'est que déjà en 1868 le gouvernement argentin avait offert une prime de 8.000 piastres « pour le meilleur procédé de conservation des viandes à l'état frais ».

Ce fut Charles Tellier qui trouva la solution. La République Argentine fut le premier pays qui adopta la méthode frigorifique pour la conservation des viandes : de 1882 à 1886, quatre grands frigorifiques entrèrent en fonctionnement dans ce pays. A partir de ce moment les argentins orientèrent résolument leur élevage vers la production de la viande pour l'Angleterre, les échanges entre les deux pays devinrent de plus en plus importants étant donné l'énorme progrès que représentait la viande frigorifiée sur l'exportation du bétail vivant. Aujourd'hui la République Argentine occupe loin devant les autres le premier rang parmi les pays producteurs de viande. Elle possède vingt établissements frigorifiques dont la capacité d'abatage journalier est de :

25.300 bovins   59.500 ovins   6.600 porcins.

Et l'industrie frigorifique n'a que cinquante ans d'existence !

CHAPITRE II

La Production Mondiale des Viandes Frigorifiées en France

Les chiffres que nous venons d'écrire montrent bien le développement formidable que l'industrie de la viande a acquis de nos jours.

L'Argentine n'est pas le seul pays où cette industrie s'est créée une place importante. Toutes les contrées qui possèdent des conditions favorables à l'élevage se sont orientées plus ou moins activement vers la production de la viande depuis que, grâce à la méthode frigorifique, l'éloignement des marchés de consommation n'est plus un obstacle à l'écoulement de la production.

Nous reproduisons ci-dessous une statistique, d'origine britannique, donnant pour l'année 1926, la production mondiale des viandes frigorifiées destinées à l'exportation, les différents pays étant rangés dans l'ordre de production décroissante :

Provenance	Bœuf congelé	Bœuf refroidi	Mouton congelé	Totaux
—	—	—	—	—
Rép. Argentine.	231.626	457.397	79.444	768.467
Uruguay	102.052	34.940	19.696	156.688
Australie	63.031	»	39.916	102.947
Nlle Zélande ..	19.500	»	126.500	146.000
Afrique du Sud	15.184	»	»	15.184
Canada	1.570	»	»	1.570
Brésil	1.095	1.177	»	2.272
Autres pays ..	6.300	»	400	6.700
Unités : Short Ton	440.358	493.514	265.956	1.199.828

La République Argentine est nettement première avec environ 62 % de la production totale (Empressons-nous de dire que nous ne prenons pas les chiffres de la statistique citée, comme l'expression exacte de la réalité, nous leur demandons simplement de nous renseigner sur l'ordre de grandeur des Exportations de viande). L'Uruguay, petit voisin de la Grande République vient ensuite : si l'on tient compte de l'étendue de son territoire, on voit que proportionnellement l'industrie de la viande y a acquis le même développement qu'en Argentine. La production de la viande a progressé dans ce pays parallèlement à celle de l'Argentine et au point de vue de la qualité il n'y a aucune différence entre les deux : les viandes du Rio de la Plata sont les meilleures des viandes frigorifiées. Cela tient à ce que la richesse naturelle du sol et des pâturages permet la préparation des animaux destinés aux frigorifiques, mieux que partout ailleurs.

Les pays qui viennent ensuite sur notre liste sont la Nouvelle-Zélande, l'Australie, l'Afrique du Sud, c'est-à-dire toutes les colonies anglaises où l'existence de bétail en quantités importantes a permis d'installer l'industrie frigorifique : ces pays sont surtout spécialisés dans la production du mouton congelé.

Enfin au dernier rang du classement vient le Brésil : le chiffre donné est très certainement bien en dessous de la vérité, mais il est non moins certain que ce pays dont la population bovine est évaluée à 30 millions de têtes ne produit pas autant qu'il le pourrait. Son industrie frigorifique est encore à ses débuts et il y a énormément à faire, à commencer par l'amélioration du troupeau national. Le Brésil en est encore au point où se trouvait la République Argentine il y a une cinquantaine d'années avec cette différence qu'il ne présente pas des conditions aussi favorables. Mais l'existence de l'immense troupeau dont nous parlions tout à l'heure est une raison suffisante pour que les Brésiliens s'orientent maintenant vers l'industrie frigorifique. Il y a là une circonstance très favorable pour notre pays, comme nous le verrons au sujet de l'exportation de nos reproducteurs.

La production mondiale des viandes a atteint son maximum pendant la guerre. La demande a été par moments si grande que les frigorifiques argentins devaient dépasser la capacité pour laquelle ils étaient construits ! A la cessation des hostilités, quand les nations européennes purent revenir à peu près à leur vie normale, la production qui était arrivée à son point culminant, ne put être ralentie à temps, et il se produisit par réaction une crise dans la fabrication. Cette crise (1920-21) se répercuta naturellement sur l'élevage en se traduisant par une baisse du bétail. Elle fut ressentie d'une façon particulièrement aigüe par les éleveurs argentins, car les effets en ont été exagérés par l'existence de « La Conférence », trust des frigorifiques Anglo-Américains. Cette crise menaça très sérieusement l'élevage argentin et faillit même lui être fatale, mais la menace se dissipa. La production qui était tombée à 700.000 tonnes en 1921 était déjà de 950.000 tonnes en 1922 et elle avait atteint 1.140.800 en 1923. En 1929 elle a été d'environ 1.200.000 tonnes.

Ces viandes sont destinées aux pays européens. L'Angleterre en reçoit une grande partie, 900.000 tonnes environ presque entièrement consommées sur place, une petite fraction étant réexpédiée sur le Continent. Pendant quelques années la France tenait le second rang pour la consommation de la viande frigorifiée. Actuellement sa consommation a très fortement diminué en raison des droits de douane qui gênent considérablement l'importation. Les autres pays importateurs sont :

L'Allemagne, l'Italie, l'Espagne, la Belgique, la Hollande. Le cas de la Hollande est intéressant à signaler parce que ce pays est un producteur de viandes : chaque année nous recevons une grande quantité de porcs hollandais. Ce pays envoie aussi des viandes en Allemagne, en Angleterre, en Belgique et il importe chaque année davantage de viandes frigorifiées.

CHAPITRE III

La Viande Frigorifiée Sud-Américaine

I. — Caractères généraux des viandes frigorifiées.

Nous avons adopté la dénomination de viande frigorifiée pour désigner d'une façon générale, la viande conservée par un procédé frigorifique, car il existe deux modes de conservation de la viande par le froid : la congélation et la réfrigération.

La viande congelée ou « Frozen meat » est celle qui a subi l'action d'un froid intense, la température des chambres de congélations étant de — 10 ou — 12°, et qui est conservée ensuite à une température voisine de — 5°. La congélation d'un quartier de bœuf demande 80 à 100 heures. On s'assure qu'elle s'effectue bien, c'est-à-dire qu'elle porte sur toute la masse et non pas seulement sur la couche superficielle, au moyen d'une sonde qui doit rencontrer dans toute l'épaisseur du morceau une égale résistance à la pénétration. La viande préparée par ce procédé peut se conserver presque indéfiniment : les phénomènes de maturation sont complètement arrêtés et elle ne court aucun risque de putréfaction. On cite le cas de quartiers de bœuf consommés après 18 et 20 ans de conservation. Pratiquement la viande congelée n'est pas entreposée plus d'une année parce que si l'on dépasse ce délai, quoiqu'encore saine et consommable, elle perd beaucoup de sa valeur commerciale : elle prend une couleur et une odeur de viande vieille, faciles à reconnaître, elle a mauvais goût, elle devient dure. Il n'y a donc aucun intérêt à la garder plus longtemps.

La viande congelée ne peut pas être employée immédiatement au sortir de l'entrepôt frigorifique. Il faut d'abord lui faire subir la décongélation. Cette opération, qui complique un peu l'emploi de cette sorte de viande, est des plus importantes. Pour être bonne elle doit être effectuée lentement : à sa sortie de la chambre de conservation la viande ne doit pas être exposée tout de suite à la température ordinaire ; il faut la conserver le temps nécessaire dans des chambres spéciales à + 3 ou + 4° où elle s'égoutte et reprend peu à peu l'aspect de la viande fraîche. Au contraire si la décongélation est brusque, la viande reste imbibée d'eau, elle prend une apparence désagréable de viande lavée, à la cuisson elle reste blanche et devient dure. Au début de l'usage de la viande frigorifique en France, nos ménagères arrivaient souvent à un pareil résultat, faute d'expérience, et elles incriminaient injustement la viande congelée elle-même, alors que leurs échecs provenaient simplement de leur ignorance.

La viande de mouton est uniquement conservée par la congélation. La viande de bœuf est préparée à la fois par ce procédé et par celui de la réfrigération.

La préparation du bœuf réfrigéré ou « Chilled Beef » est assez délicate.

La réfrigération a pour but d'augmenter notablement la durée de conservation de la viande en altérant le moins possible les qualités qu'elle présente à l'état frais. Ce résultat est atteint en soumettant les quartiers de bœufs à un refroidissement tel que les phénomènes de maturation sont convenablement ralentis et non plus arrêtés complètement. La température interne de chaque quartier doit être maintenue entre — 2° et — 1°,6 ce qui nécessite une surveillance minutieuse jusqu'au moment de la consommation.

La viande préparée par ce procédé est infiniment supérieure

à la viande congelée, mais elle se conserve bien moins longtemps : une quarantaine de jours environ. Elle garde tous les caractères physiques de la viande fraîche à cela près qu'elle est recouverte superficiellement d'une mince couche protectrice sèche et noire facilement épluchable. Son emploi est plus simple que celui de la viande congelée puisqu'il n'y a pas besoin de décongélation, il procure au consommateur les mêmes satisfactions que la viande fraîche, et, il paraît même que la maturation lente qu'elle subit pendant les semaines de sa conservation lui permette d'arriver au développement optimum des qualités qui font la bonne viande : la saveur et la tendreté.

Ce qu'il y a de certain c'est que le chilled beef est un produit de très bonne qualité à la préparation duquel les producteurs accordent tous leurs soins. Tous les animaux abattus dans les frigorifiques ne sont pas également propres à la fabrication du chilled : on y destine seulement des animaux jeunes, de race améliorée et d'un bon état d'engraissement.

Un inconvénient du « chilled beef » pour un pays à change bas, comme le nôtre, c'est son prix...

La valeur alimentaire et la digestibilité de la viande frigorifiée.

Quand la viande frigorifiée fit son apparition sur les marchés de consommation européens, elle souleva une certaine méfiance chez beaucoup de personnes. Les adversaires du nouveau produit prétendaient que la conservation de la viande par le froid la rendait de digestion difficile et diminuait grandement ses qualités nutritives. Ses partisans affirmaient le contraire avec une égale énergie. Des chimistes, Samuel Rideal en Angleterre, Armand Gautier en France furent appelés à trancher la question. Nous ne voulons pas raconter par le menu, leurs expériences ; disons simplement que de leurs travaux il résulte que :

1° La composition chimique centésimale de la viande n'est pas essentiellement modifiée par l'action du froid, la différence la plus sensible étant due à la perte d'eau, plus forte pour la viande congelée que pour la viande réfrigérée.

2° Les qualités nutritives ne sont pas altérées.

3° Les expériences de digestion *in vitro* se sont montrées plutôt en faveur des viandes frigorifiées.

Le Service de Santé de l'Armée française interrogé sur la même question a déposé un témoignage dans le même sens.

II. — Caractères particuliers aux viandes frigorifiées Sud-Américaines

Plus importants que ceux acquis sous l'action du froid sont les caractères que la viande doit à la race des animaux dont elle provient : chez des animaux de qualité égale mais appartenant à deux races distinctes, on constate, dans cet ordre d'idées, des différences souvent très grandes ; les plus appréciables portent sur la répartition des masses musculaires sur le squelette, et la répartition de la graisse par rapport au muscle. Ces différences peuvent être assez importantes pour expliquer qu'une viande déterminée plaise à telle clientèle et non pas à telle autre.

C'est ce qui s'est produit pour les viandes frigorifiées importées en France.

Si on consulte les statistiques donnant le relevé par pays de provenance des viandes frigorifiées introduites chaque année en France (nous avons reproduit ci-dessous celle de 1925) on constate que les 9/10e de ces viandes viennent d'Amérique du Sud, la République Argentine fournissant à elle seule plus de la moitié, l'Uruguay plus du quart, le Brésil un peu plus du 1/10e. Dans la fraction qui reste on compte la contribution de l'Angleterre (ce sont des viandes de transit) de l'Australie, de l'Afrique du Sud. En fin de compte, on voit que contre environ 10.000 tonnes d'origines et de natures diverses, nous recevions 90.000 tonnes de viandes du type anglais.

Il faut se rappeler ce que nous disions au sujet de l'histoire des débuts de l'industrie frigorifique en République Argentine : à savoir que les éleveurs argentins avaient employé les races anglaises et principalement la race Durham pour l'amélioration de leur troupeau — nous en avons vu les raisons. Comme, par la suite, la demande de viandes pour l'Angleterre a été sans cesse grandissante, les Argentins n'ont pu que persévérer dans la voie où ils s'étaient engagés si bien que leur troupeau est ac-

Relevé par pays de provenance des viandes frigorifiées importées en France en 1925

Provenance	Mouton	Porc	Bœuf et autres	Totaux unité Quintal
Grande-Bretagne	529	»	12.599	13.128
Allemagne	3	»	812	815
Pays-Bas	»	834	300	1.134
Union Economique Belgo-Luxembourgeoise	17	»	13.226	13.243
Suisse	»	61	»	61
Italie	»	3.549	98	3.647
Egypte	»	»	44	44
Possessions Anglaises en Afrique	»	»	12.521	12.521
Australie	»	»	21.534	21.534
Etats-Unis	721	5.118	1.369	7.208
Brésil	846	959	99.734	101.539
Uruguay	16.625	»	229.472	246.097
Argentine	67.692	87	441.311	509.090
Chili	12.758	»	»	12.758
Canada	»	»	3.379	3.379
Maroc	»	16	»	16
Madagascar	»	6.990	27.891	34.881
Totaux généraux	99.191	17.614	864.290	981.095

tuellement presque en totalité composé de représentants purs des races anglaises ou de leurs métis.

En Uruguay la situation est la même : le Durham y règne en maître.

Au Brésil les choses changent un peu d'aspect : l'amélioration du troupeau y est moins avancée, le Durham et les autres races Anglaises n'y réussissent pas aussi bien que dans les pays voisins — nous aurons l'occasion, dans une autre partie, de nous étendre davantage sur ces considérations intéressantes pour l'avenir de l'Exportation de nos races. — Retenons seulement pour l'instant que si les races anglaises n'ont remporté dans ce pays qu'un succès partiel, ce sont encore elles et leurs dérivés qui alimentent l'industrie frigorifique Brésilienne.

De partout, donc, nous recevons des viandes du « type anglais ».

Ces viandes ne plaisent pas au consommateur français, même, ou plutôt surtout, si elles sont de 1re qualité. Elles sont caractérisées par l'abondance de la graisse interne et de la graisse de couverture : elles sont suiffardes, mais on n'y trouve pas comme dans nos races cette graisse intra-musculaire, qui forme le persillé, que l'on apprécie tant dans notre pays et que nous donnent par excellence nos Charollais et nos Limousins.

Des expériences comparatives ont été faites à ce sujet entre Durham et Limousin. M. Mallèvre de l'Institut National Agronomique donne les chiffres suivants : « Chez le Limousin la viande comestible s'élève jusqu'à 86 0/0 de la viande nette; chez le Durham 60 0/0 de la viande nette seulement est comestible avec 40 0/0 de déchets de graisse ! »

La différence entre les deux types de viandes est on le voit très marquée.

Elle était même tellement marquée que nos fournisseurs s'aperçurent bien vite que leur marchandise n'avait aucune chance de se vendre en France d'une façon régulière et durable.

Comme, à ce moment-là, ils avaient le plus grand désir de voir s'ouvrir largement à eux le marché français, ils essayèrent de nous donner un produit plus à notre goût, en fabriquant ce qu'ils appellent la viande « Type continental ».

Ils pensèrent d'abord à nous envoyer des viandes provenant d'animaux insuffisamment engraissés : elles ne présentaient, c'est certain, pas beaucoup de cette graisse interne dont ne voulait pas le consommateur français mais du même coup elle n'avait pas davantage d'autres graisses, et, évidemment, pas de traces de persillé. Ces viandes ne pêchaient pas seulement par leur manque de graisse, elles étaient encore très défectueuses par le peu de développement du quartier postérieur : l'aloyau, le rumsteck, la culotte qui constituent la viande de la 1re catégorie. Pour tout dire c'était un produit de mauvaise qualité qui ne pouvait pas nous donner satisfaction.

Les Argentins essayèrent alors sérieusement de faire spécialement pour nous un bœuf, copié sur le modèle des nôtres. Avec les races qu'ils possèdent, c'est-à-dire, répétons-le, leurs races indigènes et les métis anglais ils prétendent avoir réussi à trouver le croisement qu'il leur fallait. Il n'en est rien. La viande qu'ils nous livrent maintenant sous le nom de « Type continental » est en effet meilleure que celle dont nous parlions précédemment : les défauts que nous reprochions à celle-ci sont atténués mais ils existent encore.

Et ils existeront toujours tant que les producteurs ne se seront pas convaincus de cette vérité : « Il n'y a qu'un moyen pour faire de la viande française, c'est d'employer les reproducteurs français ».

CHAPITRE IV

La consommation de la Viande frigorifiée en France

La France n'est importatrice de viande frigorifiée que depuis la guerre. Parmi les statistiques que nous avons pu consulter, une seule mentionne pour 1913 une importation de 2.000 tonnes. Les autres n'en font pas état. Quoi qu'il en soit, ce chiffre est négligeable à côté de ceux que notre consommation a atteint depuis et on peut dire que pratiquement la viande frigorifiée n'a joué aucun rôle économique dans notre pays avant 1914; cela est dû d'ailleurs, uniquement, à ce que des droits de douane très élevés lui interdisaient l'accès de notre territoire. Il nous semble, qu'à cette époque, l'utilité de la viande frigorifiée a été complètement méconnue et que la politique d'ostracisme qu'on lui a appliqué était injustifiée.

Un inconvénient certain de cette attitude est apparu au moment où la guerre nous a obligé à y faire appel : notre outillage frigorifique était inexistant... Mais passons.

Dès les premiers mois de guerre on se rendit compte qu'il fallait demander de la viande à l'étranger, sous peine de voir décimé notre troupeau déjà bien diminué par l'invasion du Nord-Est de la France. C'est que le ravitaillement de la nation mobilisée allait nécessiter d'énormes quantités de viandes : la viande frigorifiée nous a permis de faire face à la situation dans les meilleures conditions. Nous devons reconnaître qu'elle nous a rendu dans la circonstance un très grand service.

Au surplus, pour le ravitaillement des troupes en campagne, la viande frigorifiée s'est révélée un aliment de choix, infiniment supérieur à la viande fraîche, tant au point de vue de la facilité et de la régularité de l'approvisionnement qu'au point de vue du rendement. Le ravitaillement en viande fraîche nécessite l'entretien de troupeaux de bétail encombrants à proximité de la zone des armées : les animaux dépérissent faute de soins, il y a des pertes du fait du bombardement, l'abattage se fait dans le très mauvaises conditions, les issues sont perdues. Le transport des animaux vivants est compliqué. Qu'on en juge par l'exemple suivant :

Le ravitaillement d'une armée de 4 corps d'armée nécessite 90.000 kilos de viande, soit environ 300 bêtes. Le transport de ce troupeau exige 32 wagons auxquels il faut ajouter un certain nombre de wagons à fourrages. Les wagons à bestiaux sont salis et indisponibles pour un temps assez long.

Avec la viande frigorifiée le ravitaillement de la même armée sera assuré par 18 wagons portant chacun 5 tonnes de viande. L'entreposage est des plus simples. La réalisation de stocks permet d'assurer la régularité des distributions. Les déchets sont réduits au minimum.

Après l'expérience que nous en avons fait de 1914 à 1918 l'utilité de la viande frigorifiée en temps de guerre n'est pas contestable. Il est certain que, si de pareils événemens se reproduisent, nous n'hésiterions pas à nous servir encore de la viande frigorifiée. La conclusion qui s'impose est que nous ne devons pas retomber dans l'erreur d'avant 1914.

Quantités de viandes introduites en France depuis 1914

Nous avons réuni en un tableau les quantités de viandes frigorifiées importées en France depuis 1914, d'après les statistiques de la direction générale des douanes.

On voit par ce tableau que la consommation de la viande frigorifiée en France a été irrégulière; nous allons expliquer d'où proviennent ces variations.

Le chiffre indiqué pour 1914, 17.774 T. ne porte en réalité que sur les 4 derniers mois de l'année, les premiers mois de la guerre. Jusqu'en 1919 s'étend la période où la consommation a été de beaucoup la plus forte : les achats étaient faits pour le compte du gouvernement. Le ravitaillement de l'armée formidable, qui était alors sur pieds, avait été jugé tellement important, que le gouvernement avait décidé la création d'un ministère approprié. Une direction s'occupait spécialement de la question de la viande. Les viandes achetées étaient stockées et écoulées suivant les besoins de la troupe. A un moment donné, les stocks réalisés furent si considérables que le gouvernement décida qu'une partie des viandes en réserve pourraient servir a approvisionner la population civile par l'intermédiaire des municipalités qui en feraient la demande : c'est ainsi que dans de nombreuses villes fonctionnèrent des boucheries municipales qui rendirent de grands services, étant donné la cherté de la viande fraîche.

La guerre terminée, l'Etat continua encore ses achats jusqu'au début de 1920. Le 1er juin 1920 un décret annonça que les stocks de l'état allaient être liquidés et que le commerce devenait libre.

La liquidation demanda du temps et ce n'est qu'à l'automne que se firent les premiers arrivages pour le comptes de firmes privées : Cette circonstance explique la baisse brusque des entrées de viande de 1919 à 1920.

Importations de viandes frigorifiées en France depuis 1914

Années	Quantités de viande (Tonnes)
1914........	17.774
1915........	182.297
1916........	223.185
1917........	240.895
1918........	231.064
1919........	259.593
1920........	152.530
1921........	63.491
1922........	39.044
1923........	59.887
1924........	93.442
1925........	98.109
1926........	71.694
1927........	59.260
1928........	18.905
1929........	24.955

Au mois de novembre 1920, le gouvernement, après échec d'un comptoir national des viandes, institua une surveillance temporaire des importations fixant notamment un prix de vente maximum. Ce décret daté du 19 novembre 1920 fut en vigueur jusqu'au 8 août 1924.

Dans le cours de l'année 1920, la viande fraîche atteignit des prix très élevés, provoquant une restriction spontanée de la part du consommateur mais, en 1921, dès le mois de janvier il se produisit une baisse importante, qui alla en s'accentuant assez rapidement. Les importations de viande frigorifiée décroissent encore plus rapidement. La viande frigorigée perdit ses clients d'autant plus vite qu'elle était de mauvaise qualité : les anglo-américains avaient profité de la hausse des changes pour écouler chez nous une partie de leurs stocks de guerre. Ces produits vieux, de qualité inférieure jettèrent le discrédit sur la viande frigorifiée. Ce fut un effondrement du commerce d'importation. En 1922 nous n'avons reçu que 39.044 tonnes contre 63.491 en 1921 et 152.530 en 1920.

Mais les trois années qui suivirent, la courbe des importations remonta presque aussi brusquement qu'elle était descendue. La baisse du cours de la viande fraîche avait provoqué la diminution des entrées de viandes frigorifiées, la hausse produisit immédiatement une augmentation de la demande de viandes frigorifiées. La viande frigorifiée a eu une influence considérable dans la lutte contre la vie chère dont le prix de la viande est un facteur important : ce rôle de régulateur apparaît très nettement à cette période, c'est pourquoi nous tenons à le signaler. En 1924 et 1925, période de hausse de la viande fraîche, nous avons reçu chaque année près de 100.000 tonnes de viandes frigorifiées. A ce moment, bien des personnes compétentes étaient convaincues que ce chiffre mesurait à peu près exactement nos besoins et que nos importations allaient désormais se fixer à ce niveau. Ces prévisions n'ont pas été confirmées et dès 1926 on assiste à une nouvelle chute des importations : de 100.000 T. on revient à 71.000 T. En 1927, la baisse de la viande fraîche coïncidant avec le rétablissement des droits de douane, supprimés depuis la guerre, la chute s'accélère. Elle devient vertigineuse en 1928 : Le relèvement des droits de douane au mois d'avril cause un nouvel effondrement du commerce de la viande frigorifiée.

CHAPITRE V

Comment s'est posée la question de la Viande frigorifiée ?

Quand, en 1920, le gouvernement était sur le point de cesser ses achats de viandes frigorifiées, la question se posa de savoir s'il fallait à leur sujet revenir à la politique d'avant 1914 ou s'il convenait d'adopter une autre attitude.

La création des boucheries municipales pendant la guerre avait permis d'acquérir une certaine expérience en matière de viandes frigorifiées; on avait vu que le consommateur français avait fait bon accueil au produit nouveau : on avait bien reproché tout de suite à la viande frigorifiée d'être trop grasse mais cet inconvénient était de peu d'importance, comparé à l'économie que cette sorte de viande permettait de réaliser grâce à son prix très inférieur à celui de la viande fraîche.

On savait donc que la viande frigorifiée était assurée d'une clientèle nombreuse — parce que la viande fraîche était chère — et par conséquent, en partie, au détriment de la viande fraîche.

Or, la viande se maintenait à des cours très élevés depuis la guerre en raison de la raréfaction du bétail : du fait de la guerre, notre cheptel était diminué d'environ 2 millions de têtes, et il n'arrivait plus à satisfaire la demande de viande. Pour en faciliter la reconstitution il était nécessaire de rendre cette demande moins pressante. Favoriser l'usage de la viande frigorifiée permettait d'arriver à ce résultat.

En définitive il apparaissait que l'introduction de la viande frigorifiée en France à ce moment-là aurait le triple avantage de :

Faciliter la reconstitution de notre cheptel ;

Assurer l'approvisionnement national ;

Permettre de lutter contre la vie chère.

Prenant en considération tous ces avantages, le gouvernement décida de rendre libre le commerce de la viande frigorifiée.

A partir de ce moment, dans les milieux où l'on s'intéresse à la prospérité économique du pays on discuta de la « Question de la viande frigorifiée ».

On admettait, d'une façon générale, son utilité momentanée. On s'inquiéta de savoir si ce besoin serait durable, on objecta que les viandes sud-américaines n'étaient pas du goût français et surtout, à cette époque où notre situation économique était plutôt mauvaise, on fit aux importations de viandes frigorifiées le reproche d'augmenter le déséquilibre de notre balance commerciale et on chercha le moyen de remédier à cet inconvénient.

On proposa tout de suite le remède qui semblait tout indiqué. C'était d'exporter nos reproducteurs bovins vers les pays qui nous fournissaient de la viande. De cette façon nous pouvions recevoir de la viande de notre goût et l'équilibre compromis de notre balance commerciale serai rétabli, au moins en partie.

Ce moyen permettrait, en outre, de répondre à une plainte que les éleveurs n'allaient pas tarder à faire en disant que la viande frigorifiée concurrente de la viande fraîche, faisait du tort à leur commerce. On pouvait leur répondre : « En admettant que cela soit vrai, vous n'avez qu'à exporter vos reproducteurs : cela vous sera une excellente compensation ».

Une fois lancée, cette idée si séduisante de l'exportation de nos reproducteurs, on voulut la mettre en pratique... Nous allons voir dans ce qui va suivre que toute la Politique de la viande jusqu'en 1928 a eu pour base cette question.

CHAPITRE VI

La politique française de la Viande frigorifiée

Les différentes tentatives ayant pour but la conclusion d'accords entre la France et l'Amérique du Sud au sujet de la fourniture de la viande frigorifiée, ont été faites avec le souci constant d'en faire profiter notre élevage.

Une solution très avantageuse dans ce sens, a été la première proposée. C'est celle que nous venons de signaler qui consiste à obliger nos fournisseurs à nous acheter des reproducteurs bovins en échange de leur viande.

En 1922, le Syndicat Central d'Exportation de la race charollaise ayant envoyé 30 reproducteurs à l'exposition du centenaire du Brésil, M. Massé, membre de l'académie d'agriculture, constatait devant cette assemblée: « Un certain nombre de reproducteurs ont été achetés. Tous auraient pu l'être si le syndicat avait pu procurer au gouvernement qui voulait les acheter des garanties sur les conditions dans lesquelles les viandes frigorifiées produites dans ce pays entreraient en France : on voulait bien nous acheter des animaux mais on voulait pouvoir nous écouler de grandes quantités de viande. »

M. le Professeur Moussu, au contraire, comprenait et approuvait l'attitude des acheteurs. Nous sommes, avec M. Moussu, convaincu que le moment d'offrir nos reproducteurs n'était pas des mieux choisis : l'envoi du Syndicat d'Exportation de la race charollaise a été fait à l'époque où l'élevage sud-américain était sous le coup d'une crise très grave : le bétail était en surabondance et se vendait presque pour rien. On comprend que les éleveurs avant d'acheter des reproducteurs tenaient à s'assurer de pouvoir écouler leur viande : c'était tout à fait légitime. Ils ne demandaient pas que nous nous engagions à leur acheter de « grandes quantités de viande »; ils auraient voulu avoir la certitude de récupérer le prix des animaux qu'ils nous auraient achetés, par la vente de leur viande. Dans l'état où se trouvait l'élevage de ces pays à ce moment critique, les éleveurs ne pouvaient pas adopter une autre attitude.

Mais si nous avions consenti à leur accorder la garantie demandée, les éleveurs se seraient empressés d'acheter nos reproducteurs, trop heureux de voir s'ouvrir à eux un marché nouveau, ce qu'ils souhaitaient vivement. Il faut savoir, pour comprendre ce désir, dans quelle situation délicate se trouvent les éleveurs argentins soumis à la domination du Trust Anglo-Américain des frigorifiques. Ce Trust « La Conférence » étant sans concurrent, est maître absolu du marché des viandes, il règle les cours du bétail comme il l'entend. C'est à cause de l'existence de la conférence, que la crise de l'élevage de 1921-22 a été aussi grave et c'est pour échapper, dans la mesure du possible, à l'étreinte des frigorifiques que les éleveurs, vers 1922 tournaient leurs regards vers la France, intéressante non seulement pour elle-même mais aussi parce que son outillage frigorifique pouvait lui permettre de faire le transit des viandes destinées à l'Europe centrale et méridionale. Il y avait là un ensemble de circonstances favorables pour les deux pays, mais un accord était nécessaire dans le sens que nous indiquons précédemment. Rien ne fut fait. « Et, constate M. Moussu, notre administration a laissé passer là une excellente occasion de faire quelque chose d'utile pour notre élevage. »

L'accord pourtant était facile à réaliser, puisqu'à cette époque (fin 1922) on reconnaissait, généralement, que nous avions besoin de viandes frigorifiées.

Les chambres de commerce des grandes villes de France (Limoges, Le Havre) avaient étudié la question et déposé des rapports favorables à l'introduction de la viande frigorifiée.

La chambre de commerce du Havre, demandait aux divers ministres intéressés :

1° Que fut maintenue la liberté complète d'importation des viandes frigorifiées, tout en observant les mesures sanitaires, mais exclusivement en ce qui concerne la qualité proprement dite des produits;

2° Que le décret du 9 mars 1922, qui autorisait la libre exportation du bétail vivant, soit modifié de façon que l'importation du bétail étranger soit non moins librement permise.

En 1924, la viande fraîche atteint des cours très élevés, la consommation de la viande frigorifiée, en forte augmentation sur l'année précédente, reçoit des encouragements officiels. C'est ainsi que, pour en faciliter la vente, le conseil municipal de Paris décide la création de 142 étaux de viande frigorifiée sur 38 marchés découverts.

A cette époque, notre troupeau étant déjà en grande partie reconstitué, certains éleveurs, devant l'extension prise par la consommation de la viande frigorifiée, et en redoutant la concurrence pour l'avenir, crient que l'élevage national est menacé et réclament le rétablissement de droits de douane protecteurs. Tous les éleveurs, heureusement ne sont pas de cet avis.

Plus raisonnable est l'attitude adoptée par la Société des Agriculteurs de France et la Société Nationale d'Encouragement à l'Agriculture. Les conseils de ces deux sociétés travaillant en collaboration, émettent, après une étude de la question, un vœu tendant à ce que « l'introduction de la viande frigorifiée argentine, en France, soit autorisée mais à la condition qu'en échange d'un tonnage de viande les argentins s'engagent à acheter un nombre proportionnel de reproducteurs français, en exigeant que ce ne soit pas que des normands. »

Ce vœu reçut la pleine adhésion du ministre de l'agriculture.

D'autre part, les grandes associations d'agriculture et, officieusement, le gouvernement argentins entreprirent des négociations avc notre ministère de l'agriculture. Le résultat fut négatif.

La combinaison qu'on essayait de mettre sur pieds était d'avance vouée à l'insuccès. Un accord au sujet de la fourniture de la viande, passé avec le gouvernement argentin, devait rester sans effet parce que l'industrie frigorifique en Argentine est aux mains des Anglais et des Américains du Nord : ce sont des sociétés étrangères qui sont en réalité nos fournisseurs et non pas les éleveurs argentins. Elles n'auraient su que faire de nos reproducteurs. Et même la Conférence, jalouse de garder sa toute puissance en Argentine, avait tout intérêt d'empêcher une entente avec notre pays : elle ne tarda pas à nous le faire voir dans les circonstances suivantes.

Après ce premier échec, devant la nécessité de faire quelque chose pour améliorer notre situation et calmer les craintes des éleveurs, on esseya d'une autre combinaison.

On envisagea la possibilité de laisser entrer en France du bétail argentin vivant, pour l'abattre dans nos ports ou sur certains grands marchés (Paris, Lyon, etc...). De cette façon nous n'avions plus affaire aux intermédiaires gênants : les échanges se seraient faits directement entre éleveurs argentins et éleveurs français. De cette manière les Argentins pouvaient se libérer un peu du contrôle trop sévère des frigorifiques et, de notre côté, nous étions en droit d'escompter qu'ils nous achèteraient nos reproducteurs : l'heure était bien choisie pour introduire notre race normande en Argentine, beaucoup d'éleveurs cherchant dans la production laitière et beurrière un moyen de se soustraire à l'influence de la conférence.

Le nouveau moyen ne valait pas le premier : il était moins pratique et présentait des risques de contamination de notre troupeau par les animaux importés. Pour éviter ces risques on avait prévu des mesures sanitaires rigoureuses : le transport serait fait en wagons plombés, les ventes auraient lieu dans des espaces réservés, isolés, le sacrifice devait être immédiat et il était formellement interdit d'entretenir ces animaux dans nos pâturages.

Envisagée de cette façon, la réglementation des échanges entre l'Argentine et la France présentait, malgré ses inconvénients, une notable amélioration sur l'état de choses existant. Elle avait de grandes chances d'aboutir.

Elle échoua... lamentablement. La décision officielle se fit trop attendre : le décret autorisant l'importation de novillos de la Plata contre l'achat de nos reproducteurs, suivant une proportion déterminée, signé en juillet 1924 par M. Queuille alors Ministre de l'Agriculture ne parut que le 17 novembre de la même année.

Il n'eut jamais à intervenir parce que les compagnies frigorifiques anglo-américaines instruites de nos desseins, avaient eu le temps de préparer leur défense : les novillos, jusque là vendus au juger, sur tous les grands marchés, furent payés sur bascule, au poids vif. Le prix monta au point de rendre impossible pour nous l'importation d'animaux sur pieds.

Ce malheureux décret resta donc lettre-morte. Non seulement il ne servit en rien la cause de l'élevage français, qu'il était destiné à défendre, mais encore il lui fut nuisible, en ce sens que, le seul effet qu'il ait jamais produit consistant dans la hausse du prix du bétail argentin, il a réalisé exactement le résultat que les éleveurs argentins se proposaient d'atteindre en faisant du commerce avec notre pays. Ayant obtenu satisfaction, ils se désintéressèrent complètement de nos propositions.

Après l'échec de cette tentative d'accord, on en vint à proposer la solution suivante : décider de n'ouvrir nos ports qu'à la viande du goût français définie comme provenant soit d'animaux purs des races françaises, soit des métis de ces races, demi-sang au moins.

C'était évidemment la carte forcée pour les pays désireux de nous vendre de la viande. Mais ce moyen héroïque, auquel on avait déjà pensé auparavant, avait à cette époque un grave inconvénient : il équivalait pour plusieurs années à la fermeture pure et simple de nos ports, aucun pays n'étant en mesure de nous fournir la viande du type demandé.

Or en 1925, cette solution n'était pas plus applicable que les années précédentes : nous avions encore besoin des viandes frigorifiées, leurs inconvénients étant, tout bien considéré, moins graves que ceux qui seraient résultés de leur brusque suppression de notre marché. Le gouvernement, cependant, chercha à réduire les achats de viande pour soulager un peu nos finances alors en bien mauvais état. Il s'efforça d'obtenir que nos importateurs achètent, non plus uniquement de la viande congelée, mais une proportion raisonnable de « Chilled ». Il n'y réussit pas.

Pendant tout ce temps, la reconstitution de notre troupeau avait été menée très activement : elle était, dès ce moment, presque complètement terminée. Le nombre de têtes de bétail qui allaient être bientôt disponibles pour la boucherie était très grand, plus grand même que ne le laissait prévoir, le relèvement global de l'effectif, parce que nos éleveurs, mieux instruits qu'avant la guerre des avantages de la précocité, et plus au courant des méthodes rationnelles de l'amélioration des races, avait poursuivi la réfection de leur troupeau en employant ces méthodes dans le sens de l'augmentation de la précocité. Le résultat de ce travail a été la rapidité du relèvement de notre cheptel et un notable perfectionnement. Ceci explique la grande abondance du bétail.

En 1926, cette abondance provoqua la baisse du bétail à la production : les éleveurs, ou tout au moins un grand nombre d'entre eux réclamèrent avec plus de force que jamais le rétablissement des droits de douane sur les viandes importées.

Une première satisfaction leur fut donnée en 1927. Le décret du 2 novembre 1927 rétablissait les droits sur les viandes importées et les fixait comme suit :

1 fr. 26 par kilo pour le bœuf réfrigéré;
0 fr.59 par kilo pour le bœuf et le mouton congelés.

Ces droits étaient applicables aux pays ayant un traité de

commerce avec la France. Ils étaient doublés pour les autres pays.

A ces droits venaient s'ajouter les taxes d'abattage et sanitaire établies en 1924. La taxe d'abattage se montant à 0 fr. 25 par kilo, pour le bœuf et 0 fr. 40 pour le mouton, la taxe sanitaire étant uniformément de 0 fr. 05 par kilo.

Enfin, le décret de novembre 1927 n'a pas semblé une barrière suffisante à l'entrée des viandes frigorifiées en France puisque l'additif douanier de mars 1928 a relevé les droits de douane.

Ces droits sont, actuellement, les suivants :

Bœuf et mouton congelé. Tarif minimum 0 fr. 90. Tarif général 1 fr. 80. Le bœuf frigorifié paye les mêmes droits que la viande fraîche. Les taxes d'abattage et sanitaire sont toujours en vigueur si bien qu'une tonne de bœuf congelé doit payer 1.200 fr. de taxes diverses à son entrée en France et que le prix de la viande frigorifiée atteint presque celui de la viande fraîche, on comprend que dans ces conditions celle-ci ait la préférence du consommateur.

CHAPITRE VII

État actuel de la question de la Viande frigorifiée

Actuellement les importations de viandes frigorifiées sont ombés à 20.000 tonnes environ par an. Nous sommes, en apparence, revenus à peu près à la même situation qu'avant 1914, mais, en réalité, la situation n'est pas du tout la même parce qu'avant guerre on ignorait tout des viandes frigorifiées et personne ne se rendait compte de leur utilité, tandis que maintenant, après une expérience de 15 années, les viandes frigorifiées ont rencontré en France de nombreux partisans. Avant guerre, et même très près de l'époque de la guerre qui allait nous obliger à en faire un si grand usage, on considérait généralement que la viande frigorifiée n'avait aucun rôle à jouer dans notre pays; actuellement, personne ne peut avoir déjà oublier qu'il est des circonstances où ce rôle est des plus importants, beaucoup de gens sont même persuadés que la viande frigorifiée devrait en tous temps avoir sa place dans la vie économique du Pays.

En 1928 ce sont les arguments des adversaires de la viande frigorifiée qui ont prévalu, nous allons les discuter et nous ferons ensuite l'examen critique de ceux qui lui sont favorables.

Les adversaires de la viande frigorifiée disent :

« Il faut proscrire les importations de viandes étrangères en France parce que :

1° Elles sont nuisibles au bon équilibre de notre balance commerciale;

2° Elles constituent un danger pour l'élevage national. »

A ces arguments les partisans de la viande frigorifiée répondent de la façon suivante :

1° « Nous admettons la première de vos objections, mais pour nous ce n'est pas une objection de principe, irrémédiable ; nous avons, en son temps, proposé un moyen qui permettait de parer à cet inconvénient. C'était, et ce sera encore le cas échéant, d'obliger nos fournisseurs à acheter nos reproducteurs bovins, en échange de leur viande. De ce que notre solution n'a pas été appliquée, il ne faut pas déduire qu'elle est inapplicable et bonne seulement en théorie. Pourquoi alors les différentes tentatives faites à ce sujet de 1920 à 1928 ont-elles échoué ? C'est parce que ceux qui les ont faites ont manqué, soit de clairvoyance, soit d'esprit de décision, suivant les cas et ils n'ont pas su saisir les moments propices. Notre solution n'aurait été vraiment mauvaise que si elle avait essuyé un refus catégorique de la part des pays à qui nous la proposions. Cela n'a jamais été le cas : on a travaillé à la réalisation d'un accord aussi bien en Amérique du Sud qu'en France. Et bien que, malheureusement, des éléments étrangers soient venus compliquer la question, les pourparlers auraient pu aboutir si on avait fait preuve d'un peu de conciliation d'un côté comme de l'autre. En définitive, disent les partisans de la viande frigorifiée à leurs adversaires, votre objection n'a pas du tout la valeur que vous lui accordez. » Et ils ajoutent :

2° « L'élevage national n'est pas en danger parce qu'on consomme de la viande frigorifiée en France. »

A ce sujet voyons ce qui s'est passé en 1927-28 qui a pu faire croire à ce danger et décider le gouvernement à prendre les mesures que l'on sait. Il s'est passé ceci : les cours de la viande fraîche étaient en baisse au moment où, notre cheptel étant sur le point d'être complètement reconstitué, le bétail allait être très abondant ; les éleveurs, qui se voyaient lésés, ont incriminé la viande frigorifiée, disant qu'elle faisait une concurrence trop facile à la viande fraîche et ils concluaient à la nécessité de rétablir les droits de douane supprimés depuis la guerre.

Il y avait, en effet, à ce moment-là, une très grande quantité de bétail disponible pour la boucherie. Ce fait, à lui tout seul, était suffisant pour expliquer une baisse des cours du bétail sur pieds et de la viande fraîche, sans que la question de la viande frigorifiée ait à intervenir. Ce qu'on peut dire, plus exactement, c'est que la baisse a été accélérée et aggravée du fait de la viande frigorifiée, voici comment :

La viande fraîche, atteignant un prix très élevé les années précédentes, un grand nombre de consommateurs l'avaient abandonnée pour devenir clients de la viande frigorifiée.

L'abondance du bétail survenait donc à un moment où la consommation était réduite. Il est bien évident alors, suivant les lois de l'offre et de la demande, que la baisse a été plus marquée que si la viande fraîche avait eu toute sa clientèle. Cette clientèle lui est bien revenue, mais après coup, car c'est un fait bien reconnu, dans les questions de ce genre, que les effets ne suivent la cause qu'à une certaine distance.

En somme, il est certain que la viande frigorifiée est intervenue, en 1927, contre les intérêts des éleveurs, mais de là à dire qu'il y avait du danger pour notre élevage, il y avait de la marge et nous croyons que les craintes des éleveurs étaient bien exagérées. Autrement dit, il a peut-être été nécessaire, à ce moment-là, de ralentir les entrées d viands étrangères en France, mais nous ne pensons pas qu'il y ait eu lieu d'aller jusqu'où on est allé.

En effet, il nous semble que la suppression du commerce de la viande frigorifiée, dans notre pays, est une erreur qui peut avoir de graves conséquences. Nous allons donner les raisons sur lesquelles se base notre conviction.

Il nous paraît d'abord que la viande frigorifiée pourrait, actuellement, être utile à notre pays, en ce sens qu'elle permettrait l'usage de la viande à une catégorie intéressante de la population qui ne peut pas consommer de viande fraîche parce qu'elle est encore trop chère.

L'existence de cette catégorie nombreuse de travailleurs, qui prétendent eux aussi manger de la viande, constitue un véritable besoin. Ce besoin ne correspond pas à une nécessité impérieuse, inéluctable, et si nous disons « la France a actuellement besoin de viande frigorifiée » il ne faut pas prendre cela au même sens que si nous le disions pour l'Angleterre — pour laquelle c'est presque une question de vie ou de mort. — Il s'agit chez nous d'un besoin qui pour le moment ne s'exprime pas, qui est latent mais qui existe quand même. Satisfaire ce besoin, permettre à un plus grand nombre de gens de consommer de la viande, c'est nous semble-t-il, réaliser dans l'ordre social un progrès certain. C'est pourquoi nous disons que la viande frigorifiée serait utile à notre Pays.

Ayant sa clientèle bien particulière elle ne ferait aucun tort à la viande fraîche et à notre élevage, qui conserveraient la leur. A ce sujet, il nous semble qu'il ne faut pas arguer de ce qui s'est passé pendant les années qui ont suivi la guerre, pour dire que la viande frigorifiée concurrence la viande fraîche et lui prend des clients. C'était vrai, oui, au temps où les cours de la viande étaient exagérément élevés, mais dans une période de calme et de stabilité, où la viande retrouve un cours normal, on peut affirmer qu'elle aura la même clientèle, qu'il y ait ou non de la viande frigorifiée en France. Les deux sortes de viandes peuvent très bien trouver des débouchés, dans un même pays, sans se nuire en aucune façon : il n'y a qu'à voir l'exemple des nombreux pays où cet état de choses existe.

Si nous nous tournons vers l'avenir, la décision prise en 1928 contre la viande frigorifiée apparaît non plus comme une simple erreur mais comme une faute grave.

Il faut savoir, avant d'aller plus loin, que depuis 1914 et pour les besoins de la cause, il s'est créé en France une industrie frigorifique très importante.

En 1914 elle était inexistante. En 1927 elle avait atteint un développement considérable. En 1914 nous n'avions ni entrepôts frigorifiques, ni bateaux, ni wagons. Actuellement notre outillage est le suivant :

Nous possédons de grands entrepôts frigorifiques à Paris et dans tous nos ports importants : Dunkerque, Le Havre, St-Nazaire, La Pallice, Bordeaux, Mareille. La capacité de ces entrepôts est de plus de 160.000 tonnes.

La flotte frigorifique compte 27 vapeurs pouvant transporter annuellement 250.000 tonnes de viande.

Nous avons 2.270 wagons frigorifiques pouvant transporter 1.000 tonnes de viande par jour.

Toutes ces installations, encouragées au début par l'état, sont dues pour la plus grande part à l'activité privée. Il nous semble que les services rendus au moment critique de la guerre, par l'industrie frigorifique française, la rendent digne de plus de considération qu'on ne lui en témoigne maintenant. La suppression brusque du commerce de la viande frigorifiée a mis nos grands frigorifiques dans une situation très embarrassée : certains ont été obligés de fermer purement et simplement, les autres ne peuvent travailler que tout à fait au ralenti et seront obligés de fermer à leur tour.

Ainsi, si la situation présente se prolonge, l'effort de 15 années qui nous avait doté d'une importante industrie frigorifique sera complètement anéanti.

Les intéressés ont naturellement protesté, au moment où il était question du rétablissement des droits de douane. Les chambres de commerce, et les associations professionnelles, (comité central des viandes et produits frigorifiés. Association française du Froid) ont plaidé la cause de l'industrie frigorifique. Mais ce fut en vain. Nos industriels pourtant ne se montraient pas exigeants : ils demandaient simplement qu'en établissant des droits moins élevés, on leur laisse au moins de quoi vivre. Cela aurait été juste et au surplus cela aurait été sage, car si actuellement le besoin de la France en viande frigorifiée n'est pas très pressant, il n'en sera peut-être pas toujours de même dans l'avenir. Il faudrait alors recommencer ce que nous avons fait en 1914 ?

En dehors d'un cas de conflit qui, quoi qu'on fasse pour en éviter le retour, est encore malheureusement possible, et où l'utilité de la viande frigorifiiée n'est pas contestable après l'expérience de 1914, il ne manque pas d'autres cas où nous pourrions avoir un besoin urgent des viandes étrangères. Cela peut très bien arriver si la viande fraîche retrouve des cours élevés soit pour des raisons d'ordre général soit pour des raisons intéressant directement notre élévage telles que sécheresse, épidémie, etc... Ces événement, nous ne les souhaitons pas mais ils peuvent très bien se produire. Dans ces conditions, nous pensons avoir le droit de dire qu'il n'est pas sage de tuer l'industrie frigorifique de notre pays, sans y regarder à deux fois.

Ajoutons, avant de résumer tout ce que nous venons de dire et pour qu'on ne nous accuse pas de voir l'avenir sous de trop sombres couleurs, ajoutons qu'il existe encore un cas où la consommation de la viande frigorifiée peu prendre de l'extension en France. Depuis 1922, à part une interruption de novembre 1927 à octobre 1928, l'exportation du bétail vivant de France à l'étranger est autorisée par le gouvernement. Les envois qui se font surtout en Italie, en Belgique, en Suisse, en Allemagne, sont déjà considérables, plus de 150.000 têtes en 1928 contre 5.500 en 1925. On peut très bien penser qu'ils peuvent prendre une importance suffisante pour amener une raréfaction du bétail destiné à la consommation intérieure : cela fait une circonstance de plus où la viande frigorifiée peut intervenir dans notre pays. On peut nous objecter que, dans le cas que nous envisageons, un décret interdisant l'exportation résoudrait immédiatement la question. C'est vrai, mais cela serait peut-être mal comprendre l'intérêt du pays et prouver que décidément nous n'entendons rien au commerce international.

De tout ce qui vient d'être dit il ressort, qu'à notre avis, l'attitude adoptée, par notre pays, à l'égard de la viande frigorifiée, ne peut pas être considérée comme définitive : elle a pu s'expliquer à un moment donné, elle ne s'explique plus du tout maintenant et il apparaît même très nécessaire de la modifier.

Ayant critiqué la solution donnée au problème de la viande en 1928, nous avons pensé qu'il était indispensable que nous en proposions une autre, plus avantageuse à notre sens : ce sera l'objet de notre conclusion.

Avant d'en arriver là, il convient que nous abandonnions momentanément la question de la viande frigorifiée pour nous occuper de l'exportation des Reproducteurs bovins français, qui doit intervenir dans la solution du Problème de la viande frigorifiée.

DEUXIÈME PARTIE

L'Exportation des Reproducteurs Bovins Français en Amérique du Sud

Dans l'exposé que nous venons de faire, il a été très fréquemment parlé de l'exportation des reproducteurs des races bovines françaises vers les pays qui nous fournissaient de la viande frigorifiée : nous avons dit les raisons qui ont suggéré l'idée d'établir un équilibre entre les importations de viandes d'une part de l'exportation des reproducteurs d'autre part. Nous avons vu les échecs des différentes tentatives officielles faites dans ce sens.

Nous allons passer en revue, dans cette deuxième partie de notre travail, les efforts faits par les éleveurs, sur leur seule initiative, pour créer un courant régulier d'exportation de leurs reproducteurs — les résultats qu'ils ont déjà acquis — les perspectives qui s'ouvrent pour l'avenir.

Les résultats obtenus jusqu'à ce jour sont des plus encourageants : ils sont dûs pour une bonne part à ce que nos éleveurs ont très bien su s'organiser. Ils ont compris que pour entreprendre la question de l'exportation des reproducteurs il leur fallait un organisme spécialisé. Ils ont créé pour cela les Syndicats d'Exportation.

Nous allons voir ce que sont ces Syndicats, et l'importance considérable du rôle qu'ils ont joué dans la diffusion de nos races.

CHAPITRE PREMIER

Les Syndicats d'Exportation

La première née de ces associations est le « Syndicat central d'Exportation de la Race Charollaise » aux destinées duquel préside avec une grande compétence M. le général de Laguiche.

La fondation de ce syndicat date du 15 avril 1921. Elle a suivi immédiatement la réunion en une « Fédération des Associations agricoles du Centre de toutes les sociétés d'agriculture et les syndicats d'élevage de la zone d'occupation de la race blanche qui recevait la dénomination unique de « Race Charollaise », les différents livres généalogiques existant à ce moment ayant été fusionnés en un « Herd-Book de la Race Charollaise ». Toutes ces manifestations étaient inspirées par une même idée : parfaire l'amélioration de la race pour la voir se répandre dans le monde entier. Les éleveurs charollais, très heureusement conseillés, comprirent que ce résultat ne pouvait être atteint que s'ils formaient un front unique, que s'ils adoptaient un plan d'action d'ensemble. Cette méthode est garante du succès : les éleveurs charollais ont eu raison de la suivre, ils en ont déjà tiré des résultats appréciables.

Dans cet ensemble de rouages qui concourrent au progrès de la race, le Syndicat d'Exportation apporte indirectement sa collaboration au perfectionnement du cheptel, mais disent les statuts : « son rôle principal est de servir de trait d'union entre les sociétés et syndicats adhérents, de coordonner les efforts isolés de chacun d'eux et de favoriser le plus possible l'exportation de la race charollaise. »

Les statuts précisent ensuite l'action du Syndicat « le Syndicat Central a plus spécialement pour objet l'étude des questions techniques et économiques qui régissent les achats, les transports et la vente des animaux susceptibles d'être exportés, de même que toutes questions de publicité relative à cette exportation.

« Le Syndicat Central s'occupera notamment : d'examiner et de présenter à qui de droit toutes mesures économiques et toutes réformes législatives, administratives et financières intéressant l'exportation d'en poursuivre la réalisation près des pouvoirs publics et des administrations compétentes;

« De recueillir et répandre les renseignements de nature à éclairer les éleveurs sur les desiderata et les besoins de l'étranger;

« De servir d'intermédiaire entre les associations adhérentes et les organisations et personnalités susceptibles d'assurer la vente des reproducteurs de race Charollaise dans les pays étrangers;

« De désigner une commission interdépartementale destinée à choisir les animaux devant être vendus par son intermédiaire pour l'exportation ;

« D'organiser directement des ventes à l'étranger et, pour cela de réunir des capitaux nécessaires, tant pour les achats des animaux que pour les frais d'Exportation et de vente. »

Le général de Laguiche parlant à l'Académie d'Agriculture du rôle du Syndicat l'a défini ainsi :

« Le Syndicat représentant une collectivité, disposant de moyens plus puissants, se propose d'agir par une série d'efforts sur les divers Etats, gouvernements, particuliers s'intéressant aux questions d'élevage pour leur faire connaître le nom de la race Charollaise, en préciser l'origine française, attirer la curiosité de l'étranger et l'amener à faire des essais sur les divers pays. »

Le Syndicat élimine toute idée de bénéfice : ce n'est pas une association commerciale; il ne cherche pas à faire une affaire mais à créer un courant d'affaires.

Le Syndicat est avant tout un organe de propagande ; c'est dans ce rôle qu'apparaît le mieux son utilité. On sait la place importante que, dans la vie moderne, la publicité occupe dans la réussite de toutes sortes d'entreprises. Elle entraîne souvent des frais considérables mais elle est indispensable, surtout au début. Une entreprise qui se proposait de répandre la race charollaise dans le monde entier devait nécessairement commencer par faire de la publicité : un organe comme le Syndicat central pouvait seul entreprendre et mener à bien cette tâche parce que :

1° Représentant toute la collectivité des éleveurs de race charollaise il avait l'autorité nécessaire pour se présenter devant l'étranger avec chances de se faire écouter : c'est une question de masse qui impressionne toujours qu'on le veuille ou non.

2° Il n'avait que ça à faire et c'est pourquoi il a pu bien le faire. Dégagé des soucis, dont ne pourraient pas se débarrasser des particuliers ou une association de moindre envergure, il s'est attaché uniquement à la propagande et il a pu lui donner toute l'ampleur désirable.

La propagande du Syndicat d'Exportation de la Race Charollaise a consisté en :

Publication d'une brochure luxueuse, traduite en toutes les langues, et répandue dans les milieux d'élevage du monde entier;

Publication d'articles dans les grands journaux et les revues agricoles de tous les pays;

Conférences;

Envoi des meilleurs spécimens de la race charollaise aux grandes expositions d'animaux des principaux pays d'élevage.

Ce simple énoncé donne une idée de ce qu'a dû être l'activité du Syndicat central et des sacrifices consentis pour la propagande de la race.

De tous les moyens employés pour cela, l'envoi d'animaux de concours à l'étranger est certainement de beaucoup le meilleur — mais il est aussi très coûteux. Et le grand mérite du Syndicat et de ses dirigeants est d'avoir su obtenir des éleveurs français qu'ils consentent à faire ce sacrifice. Ainsi, ce que nous disions tout à l'heure n'était pas tout à fait exact, car avant de pouvoir consacrer toute son activité à la recherche des débouchés étrangers, il a fallu que les dirigeants du syndicat s'assurent que tous les éleveurs qui étaient derrière lui comprenaient bien qu'il ne pouvait pas se contenter d'une simple adhésion de principe; ils s'employèrent à faire partager par tous leur foi dans le succès final, ils démontrèrent aux éleveurs qu'ils devaient dès ce moment se mettre au travail de tout leur énergie sans attendre des bénéfices immédiats : l'avenir se chargerait de les récompenser.

En somme, avant de pouvoir entreprendre la propagande à l'extérieur, le Syndicat central a eu d'abord à faire une propagande intérieure.

Cette double tâche représentait une somme de travail considérable. Le Syndicat en est venu à bout et la première étape de la voie qu'il s'est tracée a été magnifiquement franchie : la race charollaise est maintenant connue et commence à être appréciée dans tous les milieux d'élevage, alors qu'il n'y a encore pas bien longtemps certains en ignoraient jusqu'au nom.

Reste maintenant à exploiter ce succès : le Syndicat d'Exportation de la Race Charollaise aborde cette deuxième étape, encouragé par les plus brillantes promesses d'avenir.

Le moment est venu où les éleveurs charollais vont recevoir la récompense de leurs efforts : le volume des ventes doit maintenant augmenter rapidement, les prix vont devenir rémunérateurs. Ce sera une source de revenus très intéressante.

Ainsi le Syndicat d'Exportation aura grandement contribué à la prospérité économique du pays.

L'initiative des éleveurs de la race Charollaise pour développer les exportations des reproducteurs français n'est pas resté isolée.

Devant les excellents résultats acquis en peu d'années par le Syndicat d'Exportation de la Race Charollaise, preuve incontestable de son utilité, les éleveurs de la Race Limousine décidèrent de former une association analogue. Et, le 12 avril 1926 le Syndicat d'Expansion et d'Exportation de la Race Bovine Limousine tenait à Limoges sa première assemblée. Son objet et ses méthodes sont tout à fait les mêmes que ceux que nous venons de voir.

Il s'est mis au travail avec ardeur et il a obtenu déjà de très bons résultats.

Il faut regretter que nos principales races ne se soient pas toutes empressées d'imiter l'exemple que leur donnaient la charollaise et la limousine. Il est regrettable en particulier que celle de nos races qui aurait les plus grandes chances de réussir à l'Etranger : La race normande, soit mal organisée pour cela. La plus belle des races françaises, c'est certain, est connue dans tout le monde, au moins de nom. Sans qu'on ait rien fait pour cela, par sa seule valeur, par l'harmonieux équilibre de ses deux aptitudes : production du lait et production de la viande, la race normande a réussi à pénétrer dans certains milieux d'élevage très éloignés de son aire d'origine. Elle a depuis longtemps des amateurs à l'étranger. On devine quelle place elle pourrait occuper dans le monde, si sa diffusion était mieux organisée.

Actuellement rien ou presque rien n'est fait pour cela ou, plus exactement ce qui est fait ne peut pas donner de bons résultats.

Il y a en Normandie au moins 3 syndicats d'élevage qui s'occupent de l'exportation des reproducteurs de la race, il en existe un dans le département de la Manche, deux dans le Calvados : un à Caen et un à Lisieux.

Ces associations peuvent-elles vraiment faire du bon travail ? Non, parce qu'elles manquent d'envergure et parce qu'elles sont forcément rivales. Cette division nuit aux intérêts des éleveurs et à celui de la race parce que l'étranger ne la comprend pas.

Est-ce qu'une race comme notre race normande ne mérite pas qu'on s'occupe mieux qu'on ne le fait de son expansion ? La réponse ne fait aucun doute.

Il faut espérer que les éleveurs normands arriveront à s'entendre, les pourparlers entre les divers groupes sont engagés et sont en bonne voie ; une réunion tenue le 17 juin dernier à l'Office Français d'Elevage montre que les choses doivent s'arranger puisqu'il y a été décidé qu'un envoi d'animaux normands à la prochaine Exposition de Montévidéo serait fait en « commun ».

Il est bien évident que les éleveurs, dans la poursuite d'un même but n'ont aucun intérêt à éparpiller leurs efforts et qu'une collaboration très étroite est la source des plus grandes satisfactions et des plus grands avantages.

CHAPITRE II

Le Bilan de l'Exportation des Reproducteurs bovins français

L'exportation des reproducteurs bovins des races françaises ne date que de ces dernières années. On signale bien, avant la guerre, des envois d'animaux français dans les pays étrangers et notamment en Amérique du Sud, mais ce n'étaient là que des cas isolés et de peu d'importance ; il n'est fait mention que d'envois de 2 ou 3 animaux, à de longues années d'intervalle, du moins pour les races limousine et charollaise. Les reproducteurs normands ont été plus anciennement demandés mais ces demandes sont caractérisées aussi par une grande irrégularité.

Dès la cessation des hostilités, les défenseurs de nos trois grandes races : Charollaise, Limousine et Normande pensèrent à s'occuper plus activement de leur expansion et à contribuer de cette manière au relèvement économique du Pays. Nous avons vu quelle part revient dans la naissance de cette idée à l'existence du commerce de viandes frigorifiées et cela nous permet de répondre aux détracteurs de la viande frigorifiée, parmi lesquels on compte beaucoup d'éleveurs, que celle-ci aura eu au moins un avantage : celui d'avoir provoqué l'exportation des reproducteurs de nos races, et qu'ils devraient lui en garder une certaine reconnaissance si l'exportation prend un jour une plus grande importance — ce qu'il est permis d'entrevoir dès maintenant.

Nous allons voir la situation actuelle de chacune de nos races à l'étranger.

L'Exportation des reproducteurs Charollais.

Nous avons interrogé à ce sujet M. le général de Laguiche. Les précisions qu'il a eu la grande obligeance de nous donner sont des plus intéressantes.

Si on excepte, nous a-t-il dit, quelques envois peu nombreux et espacés datant d'avant-guerre, l'exportation a pris son début en 1920 et surtout à la fondation du Syndicat Central d'Exportation de la Race Charollaise en 1921.

Actuellement les pays qui achètent des Charollais sont :

L'Argentine, le Brésil, le Chili, la Colombie, Cuba, la Martinique, l'Ile Maurice, Angola et ses annexes, le Sénégal, le Maroc, l'Algérie, Madagascar et depuis l'an dernier le Mexique et le Vénézuéla.

Les deux centres les plus importants de l'action du Syndicat sont le Brésil et la Colombie, mais, dit toujours M. de Laguiche, les envois sont influencés par la navrante mentalité de certains agriculteurs qui ne rêvent que barrières douanières.

Les exportations faites par les soins du syndicat sont rassemblées dans le tableau ci-dessous :

	Env. au Brésil		En	Totaux
	Taureaux	Génisses	Colombie	
1922	27	3	»	30
1924	50	»	»	50
1925	25	»	3	28
1926	»	»	5	6
1927	»	»	6	6
1928	15	15	14	14
1929	16	16	27	59
Totaux ..	133	34	55	222

En dehors de cela, il y a eu des envois faits directement dans lesquels le syndicat n'a pas eu à intervenir et dont le chiffre exact est impossible à connaître.

Le prix obtenu par ces animaux est éminemment variable.

Au début les éleveurs ont donné leurs animaux pour rien. « Souvent, pour le début des essais, nous explique M. de Laguiche, le syndicat prend à sa charge une partie des frais — par exemple le syndicat a fait un envoi de reproducteurs en Algérie au prix de 3.000 francs rendus sur place. C'étaient des animaux payés 5.000 francs à l'éleveur. »

Au fur et à mesure que le succès s'affirme les prix montent à 10.000 fr., 12.000 fr. et jusqu'à 15.000 fr. Ce n'est là qu'un commencement; les prix pourront devenir certainement beaucoup plus élevés par la suite : les éleveurs Brésiliens n'hésitent pas à faire les plus grands sacrifices quand l'amélioration de leur troupeau est en cause ; on cite à ce sujet le cas d'un reproducteur zébu de l'Inde payé 300.000 francs.

L'Exportation des reproducteurs Limousins.

De même que pour la race Charollaise, nous avons pensé que nous ne trouverions nulle part de meilleurs renseignements qu'en nous adressant au Syndicat d'Exportation de la race. M. Parry, président du Syndicat nous a répondu très aimablement.

Voici les renseignements que nous tenons de lui :

Le Brésil est aussi le plus fort client pour les Limousins. Le compte des animaux envoyés dans ce pays par le syndicat, depuis le début de l'exportation s'établit comme suit :

En 1923 : 2 taureaux.
En 1927 : 10 taureaux.
En 1928 : 4 taureaux, 30 génisses.
En 1929 : 10 taureaux, 39 génisses.

Soit un total de 95 animaux, tous achetés pour le compte du gouvernement brésilien.

M. Parry nous signale que l'exportation se fait aussi vers Madagascar, la Grèce, l'Algérie, le Maroc et la Turquie.

L'Exportation des reproducteurs Normands.

Pour la race normande nous n'avons pas de renseignements aussi précis. Nous avons rassemblé tous les chiffres que nous avons pu trouver dans les différentes revues que nous avons eu à consulter sur la question. Ces renseignements sont forcément très incomplets.

Nous avons relevé :

En 1920. Envoi de 6 vaches à l'Exposition de Bage au Brésil. Prix moyen 14.500 francs.

En 1921. Embarquement d'un lot important de génisses pour un éleveur argentin.

En 1922. On remarque à l'Exposition internationale de Buenos-Aires un lot excellent de 40 mâles et 24 femelles. La création d'une association argentine des éleveurs de la race normande est décidée et réalisée cette année-là.

En 1926. Expédition de 2 taureaux et 4 vaches pour la République Argentine.

En 1927. Le gouvernement brésilien commande 5 taureaux et 22 génisses. Quelques mois après, devant la réussite de ce premier essai, le Brésil passe une nouvelle commande de 60 animaux.

***

En tenant compte seulement des envois que l'on connaît avec certitude, on arrive au total de plus de 500 animaux, représentant une valeur moyene de 10.000 francs, expédiés en Amérique du Sud, en moins de 10 ans.

Ces résultats paraissent minimes et ils ne sont, en effet, pas encore en rapport avec les efforts qu'ont dû fournir, pour y arriver, ceux qui se sont consacrés à la cause de la diffusion des races françaises. Ils sont cependant déjà très appréciables quand on songe que l'exportation des reproducteurs français est de date toute récente et que nos races ont trouvé presque partout sur leur chemin, des concurrentes installées depuis très longtemps et bien décidées à ne pas se laisser battre sans résistance.

Ces concurrentes, on le devine, ce sont les races anglaises et la plus redoutable d'entre elles c'était la Race Durham. On reconnaîtra le mérite qu'il y avait d'oser seulement affronter un adversaire de cette taille. Entreprendre de battre en brèche la renommée universelle et exclusive de la Race Durham n'était pas une tâche aisée. Il ne suffisait pas que ceux qui l'ont entreprise soient personnellement convaincus de la valeur des sujets dont ils préconisaient l'emploi de préférence à ceux des races anglaises, il était nécessaire qu'ils en fassent la preuve pour arriver, presque de force, à faire partager leur conviction aux éleveurs auxquels ils avaient affaire.

Cela n'a pas pu se faire du jour au lendemain et sans quelques sacrifices. Pour démontrer l'excellence de nos animaux il a fallu laisser à leurs acheteurs le temps de faire des essais et des comparaisons. Avant d'introduire une race nouvelle dans un pays il est en effet indispensable de procéder à toute une gamme d'expériences qui portent :

1° Sur la facilité d'acclimatement de la race qu'on veut introduire : résistance au climat, adaptation au genre de vie nouveau, à la nourriture, résistance aux maladies infectueuses ou parasitaires spéciales au pays. Conservation des aptitudes qui l'ont fait adopter, c'est-à-dire suivant le cas faculté d'engraissement ou rendement laitier.

2° Sur la valeur comparée des différents croisements possibles avec les races indigènes, expériences qui permettent d'apprécier les qualités de géniteur du reproducteur choisi, c'est-à-dire : la conservation de la faculté de reproduction; la faculté de transmission des caractères et des aptitudes de la race.

Ces essais ont été faits, un peu partout, pendant ces dernières années : les exportateurs se sont attachés à les provoquer dans tous les pays, en faisant pour cela des conditions de vente très avantageuses et ils ont attendu avec confiance, les résultats qui leurs ont permis d'orienter leur action sur tel pays plutôt que sur tel autre, car, évidemment il ne fallait pas s'attendre à un succès égal partout.

Les chiffres que nous avons cités précédemment montrent que ce sont les pays de grand élevage de l'Amérique du Sud : l'Argentine et l'Uruguay, le Brésil et la Colombie qui s'intéressent le plus à nos races.

Nous allons maintenant voir quelles sont dans ces pays les conditions d'élevage favorables à nos races — et quel rôle particulier est dévolu à chacune d'elles.

CHAPITRE III

L'orientation de l'exportation des reproducteurs français

Les Races françaises en Argentine et en Uruguay.

Les ressources dont dispose la République Argentine pour l'élevage sont inépuisables. Toutes les conditions les plus favorables se trouvent réunies dans ce pays; la nature du sol en particulier se prête admirablement à la formation des pâturages, ce qui a permis la création de 8 millions d'hectares de luzernières ; le climat est propice et ne paraît pas trop rude aux animaux des races européennes.

C'est dire, que, dans ce pays, la pratique de l'élevage est facile et que toutes les races bovines peuvent y réussir. La meilleure preuve est que la race Durham, qui est une race très perfectionnée et par conséquent délicate, y a merveilleusement réussi : les animaux Durham purs que produit actuellement l'élevage argentin ne diffèrent pas sensiblement des Durham qu'on trouve en Angleterre.

Nos races Charollaise et Limousine pourraient donc, à fortiori réussir parfaitement en République Argentine, puisqu'elles sont plus rustiques que la race Durham : cela au surplus a été péremptoirement démontré par le succès des quelques rares charollais existant dans le pays.

Mais, pour le moment les éleveurs argentins n'ont aucun besoin de ces races.

Dès l'instant où, en Argentine, on s'est préoccupé de l'amélioration du bétail, énorme richesse inexploitée, on s'est orienté vers la production de la viande, pour l'approvisionnement de l'Angleterre et l'amélioration s'est poursuivie, depuis, toujours dans le même sens : satisfaire la demande de l'Angleterre a toujours été et est l'unique préoccupation de la République Argentine. C'est pourquoi le troupeau argentin est maintenant composé pour les 8/10e de Durham et de ses dérivés, comme on peut s'en rendre compte par le nombre des inscriptions au Herd-Book de la Société Rurale Argentine : sur un total de 239.314 inscriptions en 1928. La race Shorthorn en compte 181.945. Viennent ensuite la race d'Hereford, avec 34.226 inscriptions, la race Aberdeen Angus avec 19.039. Puis on tombe à des chiffres insignifiants, après ceux que nous venons d'écrire : au 4e rang du Herd-Book argentin la race Flamande se classe première des races françaises avec 952 inscriptions, suivie immédiatement par la Normande (635 inscrip.). Quant à la race Charollaise elle est au 17e et dernier rang avec 13 inscriptions seulement.

On voit quelle place tiennent les races anglaises en République Argentine : on peut dire que dans toute la région du centre, la plus riche, celle où l'élevage est pratiqué d'une façon intensive pour alimenter l'industrie frigorifique, le bétail « criollo » a complètement disparu, la place est prise par la race Durham. Dans cette région il n'y a absolument rien à faire pour nos races à viande : détrôner la race Durham ? il n'y faut pas songer un instant ; faire des croisements Durham-Charollais ou Durham-Limousin, pour obtenir des viandes moins grasses ? Les éleveurs argentins n'y ont aucun intérêt puisque l'Angleterre veut de la viande grasse.

Restent l'Argentine du Nord et la Patagonie. Dans ces régions l'amélioration est beaucoup moins avancée que dans le centre. Il y aurait donc là des débouchés possibles pour nos races à viande, elles y réussiraient même mieux que les Shorthorn : les Argentins ne demanderaient pas mieux que de les y employer pour nous fabriquer de la viande, mais puisque nous n'en voulons pas, ils n'ont aucun besoin de nos reproducteurs.

Ce qui intéresse beaucoup plus les Argentins depuis quelques années et surtout depuis la crise de l'élevage de 1921-1922, ce sont nos races laitières et principalement la race Normande. Beaucoup d'éleveurs s'orientent vers la production laitière, de façon à ne plus avoir affaire au Trust des viandes frigorifiées. La production laitière et beurrière, qui représente le plus haut degré de l'exploitation de l'espèce bovine, a fait depuis la guerre d'énormes progrès en Argentine : les exportations de beurre qui en 1914 étaient de 3.482 tonnes sont montées en 1925 à 25.812 tonnes. C'est encore la race Durham qui est utilisée pour cette exploitation, surtout développée dans la province de Buenos-Aires : on compte dans cette province 2.200.000 vaches laitières dont 800.000 Shorthorn.

On est arrivé par sélection à obtenir des familles de Durham laitières : le rendement est malgré tout très faible, la production moyenne annuelle n'étant que de 1.000 litres environ. Aussi les éleveurs argentins que cette exploitation intéresse, recherchent activement en Europe la race qui leur permettra d'intensifier leur production laitière. Ils ont actuellement essayé des Hollandais, des Flamands et enfin des Normands.

Dernièrement introduite, la rac normande a produit une excellente impression : rustiques, habitués à vivre continuellement sans abri, les animaux normands s'adaptent très bien aux « campos ». Hautement spécialisés, ils donnent des rendements en lait et en beurre jamais atteints par d'autres races dans le pays. Ils possèdent également de très bonnes qualités de bêtes de boucherie, ce qui les rend particulièrement intéressants. Enfin les reproducteurs transmettent rapidement à leurs descendants, les caractères dominants de la race : déjà après le premier croisement les produits sont nettement améliorés dans le sens de la production laitière.

Ces résultats ont frappés les éleveurs argentins et ont fixé leur attention : le meilleur signe en est dans la création, en 1924, d'une association argentine des éleveurs de la race normande.

En ce qui concerne l'Uruguay, il est inutile que nous fassions une étude détaillée des conditions de l'élevage puisque nous avons déjà dit qu'elles sont tout à fait les mêmes qu'en Argentine. Nous arrivons donc à la même conclusion : nos races de boucherie n'intéressent pas les éleveurs uruguayens. Nos races laitières, au contraire, peuvent y trouver des débouchés. La race normande est principalement demandée.

Les Races françaises au Brésil.

La situation de l'élevage de ce pays est beaucoup plus favorable à l'introduction de nos races qu'en Argentine ou en Uruguay et cela pour deux raisons :

1° L'amélioration du bétail y est à peine commencée;

2° Nos races y réussissent mieux que les races anglaises, que les Brésiliens à l'imitation de leurs voisins ont tout d'abord essayées.

Nous allons voir les ressources qu'offre le Brésil à l'exploitation du bétail : nous nous permettons à ce sujet de faire de larges emprunts à un article très documenté de M. Misson, ex-directeur de l'industrie animale à Sao-Paulo, article publié en 1922 par la Revue de Zootechnie.

Le Brésil qui s'étend du 33e degré de latitude sud au 5e degré de latitude nord présente une grande variété de climat suivant les régions. Il couvre une superficie de 8 millions de kilomètres carrés ; il possède un immense réseau hydrographique. Il offre dans beaucoup de régions les conditions les plus favorables à l'élevage.

On distingue à cet égard 3 grandes régions :

Les états du Sud (Rio grande do sul, Santa catharina, Parana) présentent un climat et un sol peu différents de ceux de l'Argentine et de l'Uruguay. L'élevage y est la principale source de la richesse. C'est dans cette région que l'amélioration du bétail a débuté et qu'elle est le plus avancé.

La région du centre comprenant les états de Goyaz, Matto-Grosso, Minas Geraës et Soa-Paulo est la plus vaste. C'est le Brésil sub-tropical. Soa-Paulo et Minas Geraës comptent les meilleurs élevages.

La région du Nord comprend la vallée de l'Amazone et le littoral : elle est peu favorable à l'élevage à cause de la chaleur.

La population bovine du Brésil est évaluée à 30 millions de têtes. On y rencontre une grande variété de races. Ce sont :

La race Caracu, considérée comme race nationale, bien qu'elle soit d'origine portugaise. Les animaux sont de robe froment plus ou moins foncé, à muqueuses et sabots de couleur rosée. Ils présentent une grande rusticité et une parfaite adaptation. La race n'est pas spécialisée mais elle peut être sélectionnée pour la boucherie. Elle se rapproche beaucoup de la Limousine : elle a probablement la même souche.

La race Franqueïra de robe claire, à cornes très développées.

La race Curraleïra de petite taille, sans avenir bien qu'assez bonne laitière.

La race Guarapeva, dérivé dégénéré du Caracu.

La race Mocho, sans cornes, dérivé aussi du Caracu.

Enfin, dans le centre et surtout dans l'état de Minas Geraës on trouve beaucoup de Zébus importés de l'Inde et des métis Caracu-Zébu.

Pour améliorer ce bétail on a employé deux méthodes : la sélection et le croisement. La première, longue et difficile, peut être employée par les états mais les particuliers lui préfèrent la seconde beaucoup plus rapide : « il se passera, au Brésil, dit M. Misson, ce qui se passe en Argentine et en Uruguay : le bétail national cédera la place à des représentants purs ou presque purs des races européennes. »

Un gros obstacle à l'introduction des races européennes a été, autrefois, l'existence de la « Tristeza » (piroplasmose) qui occasionnait des pertes allant jusqu'à 90 % des sujets importés.

Aujourd'hui, cette maladie n'est plus aussi gênante, la vaccination permet de réduire les pertes à 7 %.

De nombreuses races ont été importées. Les Brésiliens n'ont pas encore fixé leur choix sur la meilleure race pour perfectionner leur troupeau.

Anciennement ils ont importé des Hollandais qui ont donné naissance à une race laitière, la race Tourina.

Ensuite, plus récemment ils importèrent des races anglaises : les résultats furent satisfaisants dans le sud de Rio Grande do Sul, qui offre le même milieu que les provinces argentines voisines, mais en s'élevant vers le nord où les conditions sont très différentes, le Durham échoue.

Les Brésiliens se sont alors tourné vers les races françaises.

La race Flamande a été l'objet d'étude suivies aux postes zootechniques fédéraux de Sao-Paulo et de Pinheiros : elle s'est montrée supérieure à la race hollandaise au point de vue rusticité, facilité d'acclimatement et rendement en lait et en viande. Le croisement Flamand-Caracu a donné une réelle amélioration de la conformation et de la production laitière du bétail national.

La race Normande est d'introduction tout à fait récente et on ne connaît pas encore tous les résultats qu'elle pourra donner. Nous avons vu qu'un lot introduit en 1927 remporta un si vif succès qu'il fut suivi quelques mois après d'une commande de 60 animaux. Sans nul doute cette race a un grand avenir au Brésil.

Dans le choix des animaux de travail et de boucherie, les Charollais et les Limousins remportent un égal succès.

Les envois de Charollais se font régulièrement chaque année depuis 1922. Les animaux introduits dans le pays, préalablement vaccinés contre la Tristeza se sont montré par la suite remarquablement résistants au climat et aux maladies. Divers croisements ont été essayés : celui qui donne jusqu'à présent les meilleurs résultats est le croisement charollais-zébu. Le croisement du Charollais avec les métis Zébus et aussi excellent. Les produits, outre leur très grande rusticité et leur aptitude au travail sont avantageusement modifiés pour la production de la viande : la marque du Charollais se fait sentir dans une augmentation du développement de la fesse et de la cuisse et dans la plus grande facilité à prendre de la graisse.

Le rôle du Charollais comme améliorateur des métis Zébus est très intéressant, car le nombre de ces animaux existant dans les états du centre et du nord se chiffre par plusieurs millions. Le Charollais, qui supporte très bien le climat pénible de ces régions, doit y être employé d'une façon généralisée. Les témoignages de nombreux éleveurs brésiliens viennent à l'appui de cette affirmation. Citons, au hasard, quelques passages d'une lettre de M. Bennegent, directeur de la sucrerie de Koupim (Rio de Janeiro), adressée au Syndicat d'Exportation de la race Charollaise.

M. Bennegent avait acheté, en 1922, 2 taureaux et 1 vache charollaise. En 1924, il rend compte des essais qu'il a faits. Il dit notamment :

« ... Ces reproducteurs n'ont jamais été malades; nourris avec des foins du pays et une certaine quantité de blé (simple ration d'entretien) ils ont pris chacun de 100 à 120 kg. par an. 34 vaches zébus fécondées par « Adulor » ont donné 26 veaux tous très gros et affirmant leur supériorité : à âge égal leur poids est double de celui des zébus. »

Dans une deuxième lettre, M. Bennegent signale qu'il a des déboires avec les 3/4 sang, qui sont dégénérés. Cet échec n'a été que momentané et en 1928 il écrit qu'il a obtenu une deuxième portée de 3/4 sang de toute beauté. Les demi-sang ont été unis entre eux sans consanguinité : les métis obtenus sont très bons.

Les autres témoignages que nous avons pu voir s'accordent à reconnaître que le rôle d'améliorateur du troupeau du Brésil central est dévolu au Charollais.

Aux reproducteurs Limousins, revient, presque de droit, le

soin d'améliorer le bétail Caracu qui peuple surtout les états du Sud.

Nous avons déjà signalé que cette race, descendante du bétail importé par les Portugais, avait probablement la même souche que la Limousine, c'est-à-dire la vieille race d'Aquitaine dont la Limousine est la représentation actuelle la plus parfaite.

Pour MM. Misson et Laplaud cette origine commune ne fait aucun doute, ce qui leur fait dire que l'emploi du Limousin pour l'amélioration du Caracu est en réalité non pas un croisement mais une véritable sélection, beaucoup plus rapide et plus facile que celle qui consiste à opérer uniquement sur le Caracu, et infiniment supérieure à n'importe quel croisement. Après des essais au centre zootechnique de Pinheïros, M. Cavalcanti, directeur, concluait :

« Le Limousin, né et élevé au Brésil, perd un peu de hauteur et de longueur du corps mais conserve tous ses caractères spécifiques, en particulier l'aptitude à l'engraissement. Il se porte très bien au pâturage où il supporte les fortes chaleurs d'octobre à janvier et les basses températures et l'humidité de mai à juin. La Berne (Hypoderme) et les tiques ne le gênent pas beaucoup.

« Au point de vue industriel, le produit de croisement avec le Caracu est un produit de premier ordre par sa résistance organique et son rendement. »

En résumé au Brésil : les races Flamande et Normande peuvent trouver des débouchés intéressants, mais ce sont les races Charollaise et Limousine qui y ont les plus belles perspectives d'avenir; la Charollaise servira à refaire le troupeau déformé par le Zébu, la Limousine à améliorer le bétail Caracu.

Nous avons déjà dit que le gouvernement encourageait l'achat des reproducteurs français. Ajoutons qu'en 1928, lors d'une réception à l'Office Français d'Elevage, M. le Docteur Paneïra Horta, directeur général de l'industrie pastorale au Brésil, annonçait qu'il allait déposer un projet de loi tendant à l'ouverture d'un crédit de 2.500.000 francs destiné à l'achat de reproducteurs français.

A ce moment-là aussi, M. Misson, revenant de l'exposition

de Minas Geraës, annonçait que « bientôt seules les races françaises seraient admises au Brésil. »

Nous ne savons pas où en est la question à l'heure actuelle. Mais il n'y a pas de doute que nos races intéressent au plus haut point l'élevage brésilien et nous pouvons déjà dire que si nous avons besoin de viande frigorifiée et si, à l'imitation des Anglais nous voulons avoir « notre » fournisseur, ce fournisseur ce sera le Brésil.

Les Races françaises en Colombie.

Nous avons puisé dans la thèse de M. Herran qui traite : de l'amélioration des races bovines indigènes par l'importation de reproducteurs français en Colombie — des renseignements intéressants au sujet des conditions de l'élevage et de l'avenir de nos races dans ce pays.

La Colombie couvre une superficie de 1.283.405 km². Elle s'étend, au nord-ouest du Brésil, du 5°8 de latitude sur au 12°5 de latitude nord, c'est dire que sa situation sous l'équateur lui donne un climat en général peu favorable à l'élevage à cause de la température continuellement élevée. Le climat tropical ou « ardent » comme dit M. Herran, est celui des 3/4 du pays ; mais étant donné le relief très accidenté, il existe, en raison de l'altitude, des régions à climats tempérés et même froides offrant de bonnes conditions pour l'élevage. Ces régions couvrent plus de 200.000 km².

Le réseau hydrographique est très dense ; la nature du sol très variée permet toutes sortes de cultures. En particulier, pour la question qui nous intéresse, dans certaines régions, comme les états de Cundinamarca, Boyaca, Santander, les légumineuses réussissent très bien et permettent la création de beaux pâturages artificiels.

Le cheptel bovin du pays compte 8.000.000 de têtes. L'élevage est fait dans les plus mauvaises conditions sans aucune surveillance des animaux et des pâturages, qui ont également grand besoin d'être améliorés, l'amélioration du bétail ne pouvant venir qu'après celle des pâturages.

Il y a eu, autrefois, des essais d'amélioration du troupeau par l'introduction de représentants purs de races européennes. Mais ce fut un échec si complet que les Colombiens avaient renoncé à l'espoir de pouvoir tirer parti de leur troupeau quand, à la suite de leurs voisins Brésiliens, ils essayèrent les races françaises.

Les premiers essais du Charollais ont donné des résultats étonnants. A la grande surprise des éleveurs, les premiers animaux introduits ont magnifiquement résisté au dur climat et aux maladies. Le croisement avec la race indigène « orejinegro » (à oreilles noires) a donné des 1/2 sang excellents. Si l'on en juge par ce qu'en dit un éleveur dans une lettre au Syndicat d'Exportation de la race Charollaise, le Charollais a été une révélation pour la Colombie et il paraît capable de modifier avantageusement et rapidement le bétail de toute la région de Valle del Cauca où il a été introduit.

C'est pourquoi, nous l'avons vu, la demande de Charollais pour la Colombie est en augmentation continue chaque année.

La race Normande est aussi l'objet de demandes très suivies. Elle a très bien réussi dans les régions de Cundinamarca et de Magdalena très fertiles et qui se rapprochent assez bien comme sol et comme flore du lieu d'origine de la race.

Le gouvernement brésilien encourage l'introduction du bétail français en remboursant à l'acheteur une partie des frais. Les chemins de fer font le transport gratuit des animaux.

M. Herran, termine sa thèse en démontrant que l'amélioration du bétail ne pourra être menée à bien que si les éleveurs s'organisent et se constituent en syndicat d'élevage et d'importation, sur le modèle des nôtres ; ces associations, en ce qui concerne l'importation, se mettraient en rapport avec les associations similaires de chez nous, de façon à donner plus d'ampleur aux échanges qui se font déjà. L'idée est très intéressante et doit être mise en pratique.

Nous ne pourrions qu'en retirer des bénéfices.

CHAPITRE IV

L'avenir de l'exportation des reproducteurs français

Nous pouvons résumer ce que nous venons de dire, en constatant que, sans le secours d'une aide officielle quelconque, le premier temps de l'exportation de nos reproducteurs a été exécuté pour le mieux : nos races sont maintenant lancées sur les grands marchés du monde.

Il ne faut pas s'en tenir là. Mais que faut-il faire pour que ce travail de lancement serve désormais à quelque chose ? pour que les espoirs puissent se transformer en réalité ? Il faut donner aux exportateurs français l'assurance qu'ils pourront toujour écouler leurs produits.

La préparation des animaux pour l'exportation exige en effet la sécurité : l'éleveur qui s'oriente vers l'exportation se trouve dans l'obligation, s'il ne veut pas voir son commerce péricliter, de produire des sujets de qualité irréprochable et il doit s'appliquer à faire de mieux en mieux ; les reproducteurs destinés à l'exportation doivent être, c'est évident, les meilleurs représentants de la race, tant au point de vue de la conformation qu'au point de vue des aptitudes, qui doivent être bien définies. Les acheteurs exigent la carte d'origine et ils apprécient beaucoup les récompenses aux divers concours agricoles, il ne faut donc pas songer à leur expédier autre chose que des sujets de tout premier choix. Mais la production de ces animaux d'élite demande un travail de longue haleine. Elle exige des soins spéciaux et une dépense supplémentaire. Aussi l'éleveur ne s'engagera dans cette voie que si la permanence des débouchés lui est assurée ; il ne veut pas risquer de trouver les ports d'importation fermés à sa marchandise, à tout moment.

Or, actuellement, cette menace est toujours en suspens : l'importation dans les pays d'Amérique du Sud peut être interdite pour de multiples raisons d'ordre sanitaire, économique, ou politique.

La stabilité ne peut être obtenue que par des accords entre les gouvernements, il est indispensable que ces accords interviennent au plus tôt. Que le gouvernement français permette l'exportation du bétail sur pieds, c'est bien, mais qu'il garantisse en même temps que les gouvernements des pays acheteurs autorisent l'importation, ce serait bien mieux.

Actuellement c'est à ce sujet l'incertitude la plus complète. Certains signes, même, font craindre que les importations dans ces pays ne soient bientôt interdites.

En 1929, M. le général de Laguiche nous disait : « les exportations de reproducteurs sont fortement entravées par la navrante mentalité de certains agriculteurs qui ne rêvent que barrières douanières; (c'est des agriculteurs français qu'il s'agit!) la discussion pour les droits d'entrée des produits brésiliens en France tend à nous rendre l'exportation très difficile. » Voilà où nous en sommes : au lieu de chercher à faciliter l'exportation de nos reproducteurs nous allons lui rendre la vie impossible.

Il n'y avait pourtant pas besoin que nous nous en mêlions, car il existe une autre menace qui, si elle s'exécutait, aboutirait au même résultat, avec cette différence que cette fois l'offensive ne viendrait pas de chez nous. Cette menace est la suivante : les Américains du Sud, les Brésiliens en particulier vont nous dire un jour ou l'autre : « nous achetons vos reproducteurs pour faire de la viande et nous voudrions bien la vendre : il faut que vous nous en achetiez ». Cette prétention sera aussi légitime sinon plus que celle que nous émettions naguère en leur disant :

« nous achèterons votre viande si vous nous achetez nos reproducteurs ».

Que répondrons-nous à la question quand elle se posera ? si on admet, bien entendu, que nous avons besoin de la viande frigorifiée, ce qui pour nous ne fait pas de doute, persisterons-nous à tourner éternellement dans le cercle vicieux ?

Nous pensons, qu'il faudra bien un jour se décider à en sortir. Le mieux serait de le faire tout de suite : nous ne pourrions qu'y gagner.

CONCLUSIONS

Si après avoir étudié aussi complètement que nous l'avons pu la question de la viande frigorifiée en France, nous dressons le bilan des différentes constatations que nous avons faites, en cours de route, nous nous trouvons en face du tableau suivant :

Contre la viande frigorifiée nous trouvons toujours les arguments de la première heure :

3° La viande frigorifiée, Sud-Américaine n'est pas du goût français. Elle ne peut donc pas avoir la faveur du public français.

2° Les importations de viande frigorifiée détruisent l'équilibre de notre balance commerciale. Donc elles sont à proscrire.

3° La viande frigorifiée, moins chère que la viande fraîche lui fait une concurrence trop grande et par voie de conséquence elle constitue un danger pour l'élevage français. Et il faut pour cela aussi interdire le commerce de la viande congelée. Ce ne sont naturellement pas les mêmes gens qui font cette objection et la première, cela n'a pas d'importance : nous faisons la somme des arguments pour et contre quels qu'ils soient.

En faveur de la viande frigorifiée nous relevons :

1° Elle permettrait, à l'heure actuelle, de consommer de la viande, à toute une catégorie de travailleurs qui ne peuvent pas utiliser la viande fraîche encore trop chère pour eux.

ci, à un cours raisonnable, aura toujours la préférence dans notre pays. Donc en réponse au 3° des arguments contre : la viande frigorifiée ne peut menacer l'élevage.

2° Cela indique suffisamment que la viande frigorifiée ne se ferait pas une clientèle au détriment de la viande fraîche. Celle-ci a un cours raisonnable aura toujours la préférence dans notre pays. Donc en réponse au 3° des arguments contre : la viande frigorifiée ne peut menacer l'élevage.

3° L'existence, en France, d'une importante industrie frigorifique nous fait un devoir d'utiliser la viande frigorifiée parce que si, actuellement, à vrai dire, nos besoins sont minimes, ils peuvent, dans un grand nombre de circonstances, devenir de la plus grande importance. C'est donc une sage politique de prévoyance que de ne pas sacrifier cette industrie frigorifique qui nous a coûté des années d'efforts et des millions de dépenses et qui peut nous rendre de si grands services dans tous les cas suivants où l'utilité de la viande frigorifiée est incontestable :

a) Cas d'un conflit;

b) Toutes circonstances d'ordre général (politiques, sociales financières ou économiques) qui ont pour résultat la vie chère.

c) Tous événements qui produisent la raréfaction du bétail et par conséquent la hausse du prix de la viande. Ce sont des événements malheureux comme par exemple les épidémies ou des événements heureux comme l'exportation des animaux de boucherie.

En définitive on peut et on doit logiquement conclure que, sous réserve de remédier aux deux premiers des arguments contre la viande frigorifiée, celle-ci doit être utilisée en France à l'heure actuelle, et que les droits prohibitifs qui lui interdisent l'accès de notre territoire n'ont pas leur raison d'être : le décret de mars 1928 instituant ces droits devrait donc être, à notre avis, sinon rapporté, du moins largement modifié pour permettre l'entrée d'une certaine quantité de viande.

La solution la plus avantageuse nous paraît être la suivante :

« Décider de n'ouvrir nos frontières qu'aux viandes du type français définies comme provenant soit d'animaux de races françaises soit des métis de ces races, demi-sang au moins. »

Cette méthode, inspirée de celle qu'ont suivi les Anglais quand ils ont jeté leur dévolu sur l'Argentine pour leur fourniture de viande, a été maintes fois préconisée, en particulier en 1925 par le Professeur Lignières parlant à l'Académie d'Agriculture.

Il nous semble que le moment est venu d'en faire l'essai puisque nous ne sommes pas pressés par le besoin de viande.

Cette méthode qui pour quelque temps équivaut à la fermeture de nos frontières ne produira ses effets que progressivement, on pourra donc les surveiller à loisir et les guider convenablement.

Elle a l'avantage d'entraîner automatiquement l'exportation de nos reproducteurs et elle en assure la permanence;

Elle ne produira ses effets que progressivement, on pourra donc les surveiller à loisir et les guider convenablement.

L'application de cette méthode oblige naturellement à surveiller à la production les viandes qui nous sont destinées et cela implique que nous fassions le choix d'un pays fournisseur. Les Professeurs Lignières et Moussu, qui se sont autrefois occupés activement de la question, pensaient à la République Argentine : c'était tout naturel, étant donné le besoin immédiat de viandes; l'Argentine était le pays le mieux outillé pour nous fournir, le plus rapidement possible, la viande du type demandé.

Mais actuellement, nous devons avoir notre fournisseur de viandes particulier. Pourquoi nous adresser à la République Argentine où la place est prise par les Anglais, avec leur bétail et leurs frigorifiques ? Ce n'est tout de même pas le seul pays capable de produire de la viande de qualité...

Nous serions infiniment plus libres et plus à l'aise au Brésil :

les Brésiliens, décidés à mettre en valeur leur troupeau, après avoir longtemps cherché la meilleure race pour le perfectionner, semblent avoir définitivement fixé leur choix sur nos races Charollaise et Limousine. L'emploi de ces races permettra d'obtenir de la viande d'excellente qualité exactement conforme au goût français.

Le tarif douanier devrait donc faire une exception en faveur des seules viandes brésiliennes du type français. Le Brésil est donc tout indiqué pour être notre fournisseur. Quel moyen employer pratiquement pour surveiller la production des viandes françaises ?

Là, la question se complique de détails qui sortent bien vite de notre compétence.

Le Professeur Lignières, sur ce sujet, disait : « il faudrait estampiller les viandes au moment de l'abatage ».

Le Professeur Moussu, ajoutait : « l'idéal serait, me semble-t-il, qu'un consortium commercial franco-argentin puisse, avec l'assentiment et l'appui des gouvernements intéressés, produire, préparer, entreposer, c'est-à-dire posséder un frigorifique, et exporter des viandes (refrigérées de préférence), pour se soustraire à toutes influences extérieures qui ne manqueraient pas de se produire. »

Pour nous, en regrettant de ne pouvoir indiquer le moyen de la réaliser, nous adoptons l'idée de M. le Professeur Moussu en remplaçant simplement « consortium franco-argentin » par « consortium franco-brésilien » précisément pour « se soustraire aux influences extérieures (l'opposition du trust des frigorifiques) » qui se seraient fatalement produits, croyons-nous, même dans le cas qu'envisage M. Moussu.

Vu : *Le Doyen,*
H. ROGER.

Vu : *Le Président,*
L. TANON.

Vu et permis d'imprimer :
Le Recteur de l'Académie de Paris,
S. CHARLETY.

BIBLIOGRAPHIE

AVELINE. — Impressions d'argentine (Revue de Zootechnie. 1929. I. p. 11).

E. BERTIN. — Livraison de Bétail normand au Brésil. (Rev. Zoot. I. p. 24. II. p. 100. IV. p. 300).

C. M. BUSTAMANTE. — Le marché des viandes en France. (Revue générale du froid. 1923 p. 145).

CH. CORNEVIN. — Traité de Zootechnie (Paris 1896).

COURNIER. — Exportation de reproducteurs bovins français au Chili (Rev. de Zootechnie. 1924. 4. p. 264).

Prof. DECHAMBRE. — Traité de Zootechnie. Tomes I et III. (Paris 1914 et 1922).

— Un regard sur l'Argentine terre d'élevage (Rev. Zoot. 1924. XI. p. 323).

— L'Elevage en Argentine et l'Exportation des animaux reproducteurs de races françaises (ibid. 1925. VI. p. 375).

— Nos exportations d'animaux reproducteurs, de trait, de boucherie, animaux abattus, viandes et produits accessoires (ibid. 1926 II. p. 79 et VIII p. 125).

— L'office français d'Elevage (ibid 1929. 4. p. 221).

A. GRAU. — Réunion constitutive du comité directeur de l'Office Français d'élevage pour l'Expansion des races françaises, fondé avec le patronage de M. le Ministre de l'Agriculture (Rev. Zoot. 1922. XIV. p. 396).

HERRAN. — L'amélioration des races bovines indigènes par l'importation des reproducteurs français en Colombie (Thèse-Alfort 1930).

H. HITIER. — Le marché de la viande. (Revue générale du Froid 1923. p. 240).

GÉNÉRAL DE LAGUICHE. — L'exportation des charollais en Amérique du Sud. (Bulletin des séances de l'académie d'agriculture. 1923. p. 99).

— La Race Charollaise dans les pays étrangers (ibid. 1924. p. 520).

— L'activité du Syndicat d'Exportation de la race bovine Charollaise (ibid. 1927. p. 325).

— La race Charollaise à l'étranger (ibid. 1928. p. 484).

— La race Charollaise et l'Exportation (Rev. Zoot. 1921. I. p. 67).

— Nos reproducteurs au Brésil (ibid. 1924. II. p. 121).

— Les initiatives du Syndicat d'Exportation de la race Charollaise. (Rev. Zoot. 1922. VI. p. 535).

M. Laplaud. — Etat actuel de la race bovine Limousine et activité du Syndicat d'Expansion et d'Exportation de cette race. (Académie d'Agriculture. 1928. p. 830).

— La Race Bovine Limousine, sa formation, son expansion. (Rev. Zoot. 1926 IX. p. 183 et X p. 285).

J. Landrieu. — La race normande en Amérique du Sud (Rev. Zoot. 1926. XII. p. 432).

— Importation et vente d'animaux reprod. en Argentine (ibid. 1927. VI. p. 400).

G. Legendre. — Exportations pour le Brésil (Rev. Zoot. 1926 XI. p. 364).

— Exportations pour le Brésil (ibid. 1928-IX. p. 160).

Prof. J. Lignières. — La lutte contre la crise du bétail en Argentine (Acad. Agriculture. 1923. p. 594).

— Pour favoriser l'exportation de nos reproducteurs bovins en Amérique du Sud (ibid. 1923. p. 655).

— Les progrès de la race normande en Argentine (ibid. 1924. p. 854).

— Quelques indications concernant l'importation des bovides sur pieds provenant de l'Argentine (ibid. 1925. p. 710).

— Une formule destinée à coordonner dans l'intérêt de tous d'une part l'importation en France de viandes congelées et du bétail sur pieds, d'autre part l'exportation de nos reproducteurs en Amérique du Sud (ibid. 1925. p. 280).

— Comment favoriser les intérêts des producteurs et des consommateurs de viandes importées en France et ceux des éleveurs français (ibid. 1926. p. 902).

— Les échanges de bétail avec l'Argentine (Rev. Zoot. 1925. IX p. 182).

Alfred Masse. — L'exportation des charollais en Amérique du Sud en 1922 (Acad. agric. 1923. p. 99).

— L'effectif bovin au 31 décembre 1927. (Revue Zoot. 1928. VII. p. 15).

— Une conférence internationale de la viande (Rev. Zoot. 1928. XII. p. 343).

L. MISSON. — L'exportation des races françaises au Brésil pour l'amélioration des races indigènes (Rev. Zoot. 1922. III p. 210. IV. p. 338 et IV p. 540).

— A propos de l'expansion des races françaises (ibid. 1922. XV. p. 482).

— Exportation au Brésil de la race Limousine (ibid. 1922. XII. p. 253).

— Les Charolais et les Limousins au Brésil (ibid. 1923. X. p. 269).

— L'exportation des reproducteurs bovins vers les pays chauds (ibid. 1926. III. p. 191).

— L'exposition d'Elevage de Minois Geraës (ibid. 1928. X. p. 242).

Prof. MOUSSU. — Exportation des charollais en Amérique du Sud (Acad. Agriculture. 1923. p. 104).

— Rapport sur « L'introduction en France des viandes frigorifiées et du bétail sur pieds » par M. J. Lignières (Acad. Agric. 1926. p. 464).

M. PIETTRE. — L'élevage au Brésil et le rôle du bétail français dans les progrès à réaliser. (Acad. Agriculture. 1924. p. 1016).

— L'utilisation au Brésil de reproducteurs bovins immunisés. (Rev. Zoot. 1922. p. 81).

— L'industrialisation de l'élevage et la fabrication des conserves de viande.

J. J. PINTO. — La race charollaise au Brésil (Rev. Zoot 1925. VI. p. 408).

P PLOTON. — Nos relations avec le Brésil (ibid. 1924. X. 269).

POINCHEVAL. — La situation du marché du bétail en France. (Revue générale du Froid. 1928. III. p. 82).

M. PUECH. — Les reproducteurs des races françaises au Rio Grande do Sul. (Rev. Zoot. 1922. XI. p. 164).

RENNES. — Traité d'inspection des viandes (Paris 1910).

RICARD. — Réception de reproducteurs bovins normands au Brésil (Acad. Agricult. 1928. p. 201).

Dr J. RICHELET. — L'Argentine et les pays consommateurs de viande frigorifiées. (Paris 1928).

— L'industrie de la viande en République Argentine (Paris 1928).

J. C. ROLLINO. — Les viandes frigorifiées (Rev. Zootech. 1927. X. 244).

H. Rouy. — Les marchés de la viande et les possibilités d'exportation (Revue Zoot. 1929. VII. p. 22).

— L'évolution de la production de la viande dans le monde (ibid. 1929. IX. p. 155).

— Organisation de la vente du bétail de boucherie en France et à l'Etranger. (ibid. 1929 : XII. p. 391 et 1930. I p. 49. II. p. 15)

Voitellier. — La situation économique de la production animale (Rev. Zoot. 1929. III. p. 133).

W. Wedel. — Revue du commerce de la viande frigorifiée (Revue générale du froid. 1922 à 1930).

Zarotschenszeff. — Le commerce des viandes congelées en France (Revue générale du Froid. 1928. IX. p. 293).

TABLE DES MATIÈRES

DEUXIEME PARTIE

Imprimrie du Montparnasse, rue de la Gaité, Paris

www.ingramcontent.com/pod-product-compliance
Ingram Content Group UK Ltd.
Pitfield, Milton Keynes, MK11 3LW, UK
UKHW021600260726
13993UKWH00002B/960